制造的未来：
机电一体化技术的演变

● 顾吉仁　吴拥华　李忠元　◎著

U0212744

中国商业出版社

图书在版编目（CIP）数据

制造的未来：机电一体化技术的演变 / 顾吉仁，吴拥华，李忠元著. -- 北京：中国商业出版社，2024. 9.
ISBN 978-7-5208-3079-9

Ⅰ．TH-39

中国国家版本馆 CIP 数据核字第 202475HZ81 号

责任编辑：王　彦

中国商业出版社出版发行

（www.zgsycb.com　100053　北京广安门内报国寺 1 号）

总编室：010-63180647　编辑室：010-63033100

发行部：010-83120835 / 8286

新华书店经销

廊坊市博林印务有限公司印刷

＊

710 毫米 ×1000 毫米　16 开　13.25 印张　221 千字

2024 年 9 月第 1 版　2024 年 9 月第 1 次印刷

定价：58.00 元

＊＊＊＊

作者简介

　　顾吉仁，男，现就职于共青科技职业学院，教授。毕业于湖北工业大学会机械工程专业，硕士研究生学历。主要研究方向为机械工程岗。先后在《铸造》《创新创业理论研究与实践》、*ournal of physics conference series Part C online* 等期刊上发表多篇论文。

　　吴拥华，男，现就职于共青科技职业学院，高级工程师。毕业于南京航空航天机械工程专业，本科学历。主要研究方向为机械设计与智能制造。江西省工程图学学会常务理事，《AutoCAD》获批江西省省级在线精品课程，江西省优秀指导教师，江西省教育厅科学技术研究项目"基于Moldflow的注射模模流有限元分析研究"，主持江西省教育厅科学技术研究项目"创新设计在机械结构设计的运用"。

　　李忠元，男，现就职于共青科技职业学院，助教。毕业于山东交通学院机械设计及自动化专业，本科学历。主要研究方向为数字化产品设计与制造。2023年获江西省高职课程思政教学名师称号；数控多轴加工技术比赛省三等奖。

内容简介

　　《制造的未来：机电一体化技术的演变》一书，全面探索了机电一体化技术的历史、现状与未来。本书从技术的起源讲起，详细介绍了机电一体化的核心组件、设计与制造流程、软件与控制系统的进步。通过对汽车工业、航空航天、工业自动化等多个领域的应用案例分析，展示了机电一体化技术的广泛影响。此外，本书还深入探讨了机电一体化在消费电子领域的创新应用，以及人工智能、机器人技术等前沿发展。最后，本书关注了机电一体化教育与人才培养的重要性，以及全球市场趋势和国际合作的前景。这本书是理解机电一体化技术演变、把握制造业未来发展的重要参考资料。

随着科技的不断进步，机电一体化技术已经成为现代制造业中不可或缺的核心力量。《制造的未来：机电一体化技术的演变》一书，旨在全面探索这一领域的历史、现状与未来发展。本书从机电一体化技术的起源开始，逐步引导读者了解其关键组件、设计与制造流程，以及软件与控制系统的进步。通过对汽车工业、航空航天、工业自动化等多个领域的应用案例分析，人们可以看到机电一体化技术的广泛影响和深远意义。

在消费电子领域，机电一体化的创新应用已经深刻改变了人们的生活方式，从智能家居到移动设备，再到娱乐电子产品，无不展示着这一技术的无限。此外，人工智能和机器人技术等前沿发展，也在不断推动着机电一体化技术向更高层次迈进。

本书不仅关注技术本身的发展，还特别探讨了教育与人才培养的重要性，分析了全球市场趋势和国际合作的前景。希望通过本书，读者能够全面了解机电一体化技术的演变过程，洞察未来制造业的发展方向，并在这一领域中找到属于自己的机会与挑战。

目 录

第一章 机电一体化技术的起源

机电一体化技术作为现代制造业的重要支柱，其发展历程源远流长。为了全面理解这一技术的现状与未来，我们必须回溯到其最初的概念与理论基础。本章将带领读者探索机电一体化技术的起源，分为两个部分进行详细介绍：第一节将讨论早期概念与理论基础，揭示机电一体化技术的思想萌芽及其科学原理；第二节将聚焦于关键发明和早期应用，通过分析历史上的重要发明和初期应用案例，展示机电一体化技术从理论到实践的转变过程。这一历史背景不仅有助于我们理解当前技术的发展轨迹，还为未来的创新提供了宝贵的借鉴。

早期概念与理论基础

一、早期概念

机电一体化技术的早期概念起源于 20 世纪初，当时机械工程和电气工程开始在工业生产中逐渐融合。随着工业革命的推进，生产需求不断增加，传统的机械系统无法满足日益复杂的制造要求。为了提高生产效率和产品质量，工程师开始探索将电气控制引入机械系统，这一过程标志着机电一体化技术雏形的出现。

最初，机电一体化的概念主要集中在利用电动机替代人力驱动机械装置上。这种方法不仅提高了生产效率，还减轻了工人的劳动强度。电动机的应用，使得机械系统能够实现更稳定和持久的运转，这一技术进步极大地推动了工业自动化的发展。此外，早期的电气控制装置，如继电器和简单的开关系统，也逐步被引入机械设备，实现了基本的自动化控制。这些初步的尝试，尽管在技术上较为简单，但它们为后来的机电一体化技术发展奠定了基础。

与此同时，理论研究也在逐步深化。控制理论在这一时期得到了迅速发展，反馈控制的概念开始被广泛应用于工业控制系统中。反馈控制理论的引入，使得工程师能够实时监测和调整系统参数，确保机械设备的稳定运行。经典控制理论中的 PID 控制（比例－积分－微分控制）成为早期机电一体化系统中的重要组成部分，通过反馈机制，系统能够根据实际运行情况进行自动调整，提高了系统的精度和效率。

电气工程的进步也为机电一体化技术的发展提供了坚实的基础。电动机、电力传输和基础电路设计等领域的突破，使得机械系统可以更加高效地运转。特别是电动机技术的发展，使得机械设备的驱动方式更加多样化和灵活，极大地提高了生产自动化水平。

在这一时期，机械工程的进步同样不可忽视。精密机械加工技术的发展，使得复杂机械零件的制造成为现实，这为实现高精度的机电一体化系统提供了必要条件。机械工程中的动力学和热力学研究，也为设计更加高效和耐用的机械系统提供了理论支持。

机电一体化技术的早期概念是多学科交叉融合的产物。机械工程、电气工程和控制理论的共同发展，促进了这一技术的初步形成。虽然早期的机电一体化系统在技术上较为简单，但它们为后来的深入研究和广泛应用奠定了基础。这一时期的探索和尝试，不仅推动了工业自动化的发展，还为现代机电一体化技术的进步提供了宝贵的经验和启示。通过回顾这一历史阶段，我们能够更好地理解机电一体化技术的演变过程，为未来的技术创新提供有益的借鉴。

二、理论基础

机电一体化技术的发展离不开多学科交叉的理论支持，主要包括机械工程、电气工程、控制理论和计算机科学等领域。

（一）机械工程

机械工程在机电一体化系统的发展中起到了至关重要的作用，它为系统提供了坚实的物理基础。机械设计、材料科学、机械动力学、热力学和精密机械加工等知识是实现复杂机械功能的关键，推动了机电一体化技术的不断进步。

1. 机械设计

设计原理涉及机械部件的形状、尺寸和排列方式，以确保系统能够高效、稳定地运行。早期的机械设计主要依靠经验和简单的力学计算，随着计算机辅助设计（CAD）技术的发展，设计过程变得更加精确和高效。CAD技术不仅提高了设计的准确性，还缩短了设计周期，促进了机电一体化系统的快速开发。

2. 材料科学

机电一体化系统的可靠性和耐用性在很大程度上取决于所使用的材料。材料科学的发展使得工程师能够选择和开发更适合特定应用的材料。例如，轻质高强度的复合材料和高耐磨性的合金钢，使得机械部件在各种极端环境下仍能保持优异的性能。此外，新材料的出现也推动了微机电系统（MEMS）的发展，这些微型系统在传感器、执行器等领域发挥了重要作用。

3. 机械动力学

机械系统的动力学行为包括振动、冲击和动态响应，直接影响了系统的性能和寿命。通过动力学分析，工程师可以预测和控制机械部件的运动轨迹和速度，确保系统的精确控制和稳定运行。例如，机械手臂在工业机器人中的应用，需要精确的动力学计算来实现复杂的运动控制。

4. 机械热力学

热力学原理则为机电一体化系统的能量管理提供了指导。机械系统在运行过程中会产生热量，如何有效地管理和散热是一个重要的课题。热力学研究帮助工程师理解热量的传递和转换过程，从而设计出更高效的散热系统，避免机械部件因过热而损坏。此外，热力学原理还应用于能量回收和再利用，提高系统的整体能效。

5. 精密机械加工

传统的机械加工技术，如车削、铣削和磨削，虽然能够制造出精密的机械部件，但加工速度和效率有限。数控机床（CNC）和增材制造（3D打印）技术的出现，极大地提高了加工精度和效率。数控机床通过计算机控制刀具的运动，可以实现高精度的加工，而增材制造则通过逐层堆积材料，能够制造出复杂的几何形状和结构。

机械工程为机电一体化系统的发展提供了强大的技术支撑。机械设计原理、材料科学、动力学和热力学等知识的不断进步，使机电一体化系统在复杂性、精度和可靠性方面得到了显著提升。这些技术进步不仅推动了机电一体化在工业、医疗、航空航天等领域的广泛应用，也为未来技术的发展和创新奠定了坚实的基础。通过深入理解和应用机械工程的各个方面，人们能够不断优化和提升机电一体化系统的性能，推动科技进步和社会发展。

（二）电气工程

电气工程在机电一体化系统中扮演着至关重要的角色，它为系统提供了能量传输和信号控制的手段。早期电气工程的发展集中在电动机、电力传输和基础电路设计上，这些技术的进步，使得电气系统能够更有效地驱动和控制机械装置，从而提高了系统的整体效率和可靠性。

电动机通过将电能转换为机械能，成为驱动机械装置的核心部件。早期的直流电动机由于其良好的速度控制特性，被广泛应用于各类机械设备中。然而，随着交流电动机技术的不断成熟，特别是三相异步电动机的出现，电动机在效率和耐用性方面取得了重大突破。交流电动机具有结构简单、成本低、维护方便等优点，因此，迅速在工业中得到推广和应用。此外，随着电子技术的发展，变频器等电力电子装置的引入，使得交流电动机的速度和扭矩控制更加精确和灵活，大大提高了机电一体化系统的性能。

早期的电力传输系统主要依靠简单的电线和电缆，这些系统在传输距离和效率上存在较大局限。随着高压输电技术的出现，电力传输的效率和距离得到了显著提高，高压直流输电（HVDC）技术的发展，使得长距离、大功率的电力传输成为现实，为远程机械装置的电能供应提供了可靠保障。电力传输技术的进步，不仅提高了机电一体化系统的能源利用效率，还促进了大型工业设备和系统的应用和发展。

早期的基础电路设计主要集中在简单的电流、电压控制和开关电路上。随着半导体技术的发展，特别是晶体管和集成电路的发明，电路设计进入了一个全新的阶段。集成电路的出现，使电路的体积大幅缩小、功能大幅提升，也使电路设计变得更加复杂和精密。微控制器(MCU)和数字信号处理器(DSP)等智能化控制芯片的应用，使得机电一体化系统能够实现更加复杂和高效的控制策略。这些基础电路设计的进步，不仅提高了系统的控制精度和响应速度，还增强了系统的稳定性和可靠性。

传感器作为机电一体化系统的重要组成部分，负责采集各种物理量（如温度、压力、速度等），并将其转换为电信号。随着传感技术的发展，传感器的种类不断增多、传感器精度不断提高，为系统提供了更加丰富和精确的数据信息。信号处理技术则负责对传感器采集到的信号进行分析和处理，通过滤波、放大、转换等手段，将信号转化为可供控制系统使用的数据，提高了系统的反应速度和控制精度。

电气工程为机电一体化系统提供了强有力的能量传输和信号控制手段。电动机、电力传输、基础电路设计以及传感器和信号处理技术的不断进步，使得电气系统能够更高效、更可靠地驱动和控制机械装置。通过不断优化和提升这些技术，机电一体化系统的整体性能得到了显著提高，推动了各个领域的技术进步和应用发展。

（三）控制理论

控制理论是机电一体化技术的核心理论之一，其发展历程贯穿整个 20 世纪，并对工业控制系统产生了深远的影响。20 世纪初期，经典控制理论的奠基性成果使得控制系统的设计和实现达到了新的高度，尤其是 PID 控制开始广泛应用于工业控制系统中，显著提高了系统的稳定性和响应速度。

随着控制理论的发展，现代控制理论应运而生。与经典控制理论相比，现代控制理论更加注重系统的状态空间描述和多变量控制。状态空间方法通过描述系统的动态行为，将复杂的多输入多输出系统转化为矩阵形式进行分析和设计。这种方法不仅能够处理线性系统，还能够通过非线性控制方法（如自适应控制、鲁棒控制）应对非线性系统的复杂性。此外，现代控制理论还包括最优控制和预测控制等方法，通过优化系统性能指标，进一步提高系统的控制精度和效率。

在机电一体化系统中，控制理论的应用范围极为广泛。工业机器人是控制理论应用的典型例子。机器人通过复杂的传感器网络实时监测其位置、速度和环境信息，并利用控制算法调整运动路径，实现高精度的作业。比如，在焊接、组装等高精度制造过程中，PID 控制器与现代控制算法的结合，使得机器人能够在微秒级的时间内调整运动姿态，确保焊点和装配位置的精确性。

在航空航天领域，控制理论也发挥着至关重要的作用。飞行控制系统通过对飞行器的姿态、速度和高度进行实时控制，确保飞行器能够按照预定轨迹安全飞行。飞行控制系统通常采用多层次、多冗余的控制结构，结合经典和现代控制理论，实现对飞行器的精确控制和故障诊断能力。

控制理论的发展不仅局限于传统工业领域，还逐步向智能制造、自动驾驶、智能家居等新兴领域扩展。自动驾驶技术利用传感器和控制算法，实现对车辆的实时控制和路径规划，提升了驾驶安全性和舒适性。智能家居系统通过控制理论，优化家电设备的运行模式，提高能源利用效率和用户体验。

控制理论作为机电一体化技术的核心理论之一，其发展历程见证了自动控制系统从简单到复杂、从经典到现代的演变。通过反馈机制和复杂算法的应用，控制理论使得机电一体化系统能够实现高精度和高效率的自动控制，推动了各行业技术的进步和应用的广泛普及。未来，随着智能技术和大数据分析的进一步发展，控制理论将继续为机电一体化技术的创新和应用提供坚实的理论支持。

（四）计算机科学

计算机科学的飞速发展极大地推动了机电一体化技术的进步，逐步使计算机成为机电一体化系统的核心部分。早期的计算机主要用于简单的数值计算，帮助工程师进行一些基本的数学运算和数据处理。然而，随着硬件性能的提高和编程语言的进步，计算机在机电一体化系统中的角色变得越来越重要。

最初，计算机在机电一体化系统中的应用主要集中在数值控制（NC）上。数值控制系统利用计算机来管理和执行预设的程序，控制机械设备的运动。这种应用大大提高了制造过程的精度和效率，减少了人为操作的误差。随着计算机硬件的不断进步，特别是微处理器和存储器技术的发展，计算机的计算能力和处理速度显著提高，使得更复杂的控制算法成为现实。

早期的汇编语言虽然高效，但编程复杂且不易维护。高级编程语言（如 C、C++、Python）的出现，使编程变得更加简便和高效。这些语言不仅支持复杂的算法实现，还具有良好的可读性和可维护性，为开发高效、可靠的机电一体化系统提供了有力工具。

通过传感器和执行器，计算机能够实时监控系统的状态，并根据反馈数据进行动态调整。传感器采集的数据通过计算机处理，计算机依据预设的控制算法快速计算出最佳的控制指令，并通过执行器实施这些指令，确保系统的精确控制和优化运行。这种实时监控和控制大大提高了系统的响应速度和控制精度，其应用范围涵盖了工业自动化、机器人技术、智能制造等多个领域。

在工业自动化中，计算机控制系统（如 PLC 和 DCS）广泛应用于生产过程的监控和控制。PLC（可编程逻辑控制器）通过编程实现复杂的逻辑控制和顺序控制，适用于各种自动化设备的控制。而 DCS（分布式控制系统）则将控制功能分布到多个子系统中，由中央计算机进行协调和管理，适用于大型复杂系统的综合控制。计算机在这些系统中不仅执行控制算法，还负责数据采集、处理和存储，实现了生产过程的自动化和智能化。

机器人技术的发展同样得益于计算机科学的进步。计算机为机器人提供了强大的计算能力，使其能够执行复杂的任务。计算机视觉、路径规划、运动控制等关键技术依赖计算机的高速计算和实时处理能力，使得机器人在工业生产、医疗服务、家庭助理等领域展现出卓越的性能。

智能制造和物联网（IoT）的兴起，进一步凸显了计算机科学在机电一体化系统中的重要性。通过计算机网络，制造设备和传感器可以实现互联互通，形成智能制造系统。计算机通过大数据分析和人工智能技术，对生产数据进行深入挖掘和优化，实现生产过程的智能化和个性化定制。

计算机科学的飞速发展为机电一体化技术注入了强大的动力。计算机从早期的简单计算工具，逐步演变为机电一体化系统的"大脑"，承担起复杂控制算法的运算、实时监控和系统优化的重任。未来，随着计算机技术的进一步发展，机电一体化系统将变得更加智能和高效，并推动各个行业的技术创新和发展。

三、关键理论发展

（一）反馈控制理论

反馈控制理论其核心理念在于利用系统输出的反馈信息来调整输入，以实现系统的稳定和高效运行。20世纪初，经典控制理论中的PID控制（比例－积分－微分控制）被提出，并迅速应用于工业过程控制中。这一理论的提出，标志着自动控制技术进入了一个新的阶段。

PID控制是反馈控制系统中最常见和最基础的一种控制方法。它通过计算当前误差、误差的累积和误差的变化率来调整控制输出，从而实现对被控对象的精确控制。具体来说，比例控制（P）根据当前误差进行调整，积分控制（I）根据误差的累积进行修正，微分控制（D）根据误差的变化率进行预测和调节。PID控制器的这种三重调节机制，使得系统能够快速响应变化，并有效抑制振荡和超调现象，确保系统的高精度和高效率运行。

在工业自动化中，PID控制器被广泛应用于温度控制、压力控制、流量控制等各类过程控制系统中。例如，在化工生产过程中，通过PID控制器对反应釜的温度进行实时控制，可以确保化学反应在最佳温度范围内进行，从而提高产品质量和生产效率。同样，在电力系统中，PID控制器可以用于调节发电机的输出功率和频率，确保电网的稳定运行。

反馈控制理论不仅在工业领域中发挥着重要作用，还被广泛应用于日常生活的各种设备和系统中。在家用电器中，温控器通过 PID 控制算法调节空调和冰箱的温度，使其保持在设定值附近。同样，现代汽车中的巡航控制系统也是基于反馈控制理论，通过实时调整油门和刹车，实现车辆速度的恒定控制。

随着技术的发展，反馈控制理论也在不断演进和扩展。现代控制理论在经典控制理论的基础上，引入了更多的数学工具和方法，使得控制系统能够处理更加复杂和多变的情况。例如，自适应控制、鲁棒控制和最优控制等方法，通过对系统动态特性的深入分析和建模，实现了对不确定性和外部干扰的更好处理。

自适应控制是现代控制理论中的一种重要方法，它能够根据系统运行状态的变化，自主调整控制参数，以适应不同的工况和环境条件。鲁棒控制则强调在系统模型存在不确定性和外部干扰的情况下，仍能保证系统的稳定性和性能。而最优控制则通过数学优化方法，寻找控制输入的最佳策略，以实现系统性能的最优化。

反馈控制理论的不断发展，极大地推动了机电一体化技术的进步。通过反馈机制，控制系统能够实时响应变化，提高了系统的精度、稳定性和效率。这些理论不仅为传统工业过程控制提供了坚实的技术基础，还在智能制造、机器人技术、自动驾驶等新兴领域展现出广阔的应用前景。未来，随着人工智能和大数据技术的进一步发展，反馈控制理论将继续为机电一体化技术的创新和应用提供重要支持。

（二）伺服系统

伺服系统是机电一体化技术的重要应用之一，其核心功能是通过精确控制电动机的位置、速度和加速度，实现高精度的机械运动控制。伺服系统的成功应用，标志着机电一体化技术的初步成熟，并为现代自动化设备和系统的发展奠定了基础。

伺服系统的基本原理是通过反馈控制来调整电动机的运行状态，以满足预定的控制目标。一个典型的伺服系统由伺服电动机、位置传感器、控制器和驱动器组成。位置传感器（如编码器或旋转变压器）实时检测电动机的实际位置和速度，并将这些信息反馈给控制器。控制器（通常是 PID 控制器）

根据预设的目标位置和速度计算出误差信号，并生成相应的控制信号。驱动器根据控制信号调节电动机的电流和电压，从而实现对电动机的精确控制。

由于采用了反馈控制机制，伺服系统能够快速响应外部指令，并实时调整电动机的运行状态，以消除位置和速度误差。这使伺服系统在要求高精度和高动态性能的应用中表现出色，如数控机床、工业机器人和自动化生产线等。在数控机床中，伺服系统可以精确控制刀具的位置和进给速度，从而实现复杂零件的高精度加工。在工业机器人中，伺服系统则负责控制机械臂的运动，使其能够准确完成组装、焊接等任务。

伺服系统的成功应用，不仅提高了机械设备的性能，还推动了机电一体化技术的发展。早期的伺服系统主要采用模拟电路进行控制，随着数字技术的发展，数字伺服系统逐渐取代了模拟伺服系统。数字伺服系统通过数字信号处理器（DSP）进行控制算法的计算，具有更高的精度和灵活性。此外，现代伺服系统还集成了各种先进的控制策略，如自适应控制、模糊控制和神经网络控制，使其在复杂工况下能够表现出更好的控制性能。

伺服系统在多个领域中得到了广泛应用。在制造业中，伺服系统用于自动化生产线的各种机械设备，如冲压机、包装机和装配机器人。在航空航天领域，伺服系统被用于控制飞机的舵面和火箭的推进系统，以实现精确的姿态控制和轨迹调整。在医疗设备中，伺服系统则应用于精密手术机器人和影像设备，提供高精度的运动控制和定位服务。

随着智能制造和工业 4.0 的推进，伺服系统需要具备更高的智能化和网络化水平。集成了物联网（IoT）和大数据技术的智能伺服系统，可以实现远程监控、预测性维护和自优化控制，提高系统的可靠性和效率。此外，随着绿色制造理念的推广，伺服系统的能效优化和环境友好性也成为重要的发展方向。

伺服系统作为早期机电一体化技术的重要应用，通过精确控制电动机的位置和速度，实现了高精度的机械运动控制。其成功应用标志着机电一体化技术的初步成熟，并为现代自动化设备和系统的发展奠定了坚实的基础。未来，随着智能化和绿色制造的不断推进，伺服系统将在更多领域展现其重要价值，推动机电一体化技术的进一步创新和发展。

（三）电子计算机的引入

20 世纪中期，电子计算机开始在工业控制领域得到应用，这一变革显著提高了机电一体化系统的智能化水平，使得系统能够处理更加复杂的控制任务和数据分析。电子计算机的引入不仅改变了工业控制的方式，也推动了整个机电一体化技术的快速发展。

在电子计算机进入工业控制领域之前，许多控制任务依赖机械装置和简单的电气控制，这些方法在处理复杂、多变的控制需求时显得力不从心。随着计算机技术的引入，情况发生了根本性的变化。计算机具备强大的计算能力和数据处理能力，可以执行复杂的数学运算和逻辑判断，从而实现更精确和灵活的控制。

电子计算机在工业控制中的一个典型应用是数控机床。数控机床通过计算机程序控制机床的运动，实现对复杂零件的高精度加工。操作员只需在计算机上输入加工程序，计算机便能自动生成控制信号，驱动伺服电机和其他执行器完成加工任务。这种自动化加工方式不仅提高了生产效率，还大幅提高了产品质量和一致性。

在工业控制系统中，实时性是一个关键要求。计算机能够高速处理来自传感器的实时数据，并根据预设的控制算法迅速做出响应，生成控制信号。例如，在自动化生产线中，计算机通过实时监控生产过程中的各种参数，如温度、压力、速度等，及时调整设备的运行状态，确保生产过程的稳定和高效。

电子计算机还大大增强了数据分析和管理能力。通过计算机，工业控制系统可以记录和存储大量的生产数据，并利用这些数据进行深入分析和优化。数据分析不仅可以帮助企业发现生产过程中的问题和"瓶颈"，还可以通过数据挖掘技术，预测未来的生产趋势和设备故障，实现预防性维护和优化生产调度。这种基于数据驱动的决策方式，使得企业能够更好地掌控生产过程，提升整体竞争力。

人工智能（AI）技术的引入，使得计算机能够执行更加复杂的控制任务。例如，基于机器学习算法的智能控制系统可以通过学习和分析历史数据，自主优化控制策略，提高系统的自适应能力和鲁棒性。在智能制造和工业 4.0 背景下，计算机成为连接和协调各个生产环节的核心，实现生产过程的全面智能化和网络化。

通过标准化的接口和通信协议，不同厂商的设备和系统可以互联互通，形成统一的控制网络。这种标准化和模块化设计，使得系统的扩展和维护更加便捷，降低了企业的运营成本。

电子计算机的引入对机电一体化技术产生了深远的影响，使得系统能够处理更复杂的控制任务和进行数据分析，显著提高了智能化水平。通过计算机的强大计算和数据处理能力，工业控制系统实现了从简单机械控制向复杂智能控制的转变，从而推动了现代工业自动化和智能制造的发展。未来，随着计算机技术的不断进步，机电一体化系统将在更多领域展现其重要价值，推动各行业的技术创新和发展。

机电一体化技术的早期概念与理论基础，是多学科交叉融合的产物。从机械和电气的简单结合，到控制理论和计算机技术的引入，每一步的发展都为现代机电一体化技术的形成奠定了坚实的基础。这些理论不仅推动了技术的进步，还为未来的创新提供了丰富的思想资源。理解这些早期概念和理论基础，有助于我们更好地把握机电一体化技术的发展方向，探索其在新兴领域中的应用潜力。

关键发明和早期应用

在机电一体化技术的发展历程中，若干关键发明和早期应用在多个行业中发挥了至关重要的作用。这些技术突破不仅奠定了现代机电一体化系统的基础，也显著提高了各行业的生产效率和产品质量。从电动机的发明到反馈控制原理的提出，再到伺服系统和数控技术的广泛应用，这些发明和技术进步推动了工业自动化和智能化的发展。同时，机电一体化技术在纺织工业、制造业、航空航天、汽车工业和军事工业等领域的早期应用，展现了其强大的应用潜力和广泛的影响力。

一、关键发明

机电一体化技术的发展离不开若干关键发明，这些发明奠定了现代机电一体化系统的基础。

（一）电动机的发明与应用

电动机的发明是机电一体化技术的核心突破之一，它不仅为机械设备提供了可靠的动力源，也推动了电气工程和机械系统电气化的发展。19世纪末，尼古拉·特斯拉和托马斯·爱迪生分别在交流电动机和直流电动机领域取得了重大进展，奠定了现代电动机技术的基础。

托马斯·爱迪生在直流电动机领域做作了重要贡献。他发明的直流发电机和直流电动机通过电刷和换向器将电能转化为机械能，并且能够方便地调节速度和方向。直流电动机因其简单可靠、调速性能好，被广泛应用于电动车、起重机和机床等领域。然而，直流电动机的缺点也很明显，特别是在大功率应用中，电刷和换向器容易磨损，维护成本高。与爱迪生相比，尼古拉·特斯拉在交流电动机领域取得了突破性进展。他发明的交流感应电动机利用旋转磁场原理，通过定子产生旋转磁场，使转子在磁场中旋转，进而将电能转化为机械能。交流电动机的最大优点是结构简单、坚固耐用、维护方便，尤其适合大功率和长时间运行的应用场景。特斯拉的发明不仅解决了直流电动机的维护问题，还推动了交流电力系统的发展，使得远距离电力传输成为现实。

电动机的发明和应用标志着机械设备动力源的革命性变化。传统的机械系统依赖蒸汽机和内燃机等动力源，效率低、污染大、操作复杂。电动机凭借其高效、清洁、易控制的优势，迅速取代了传统动力源，成为各类机械设备的主要动力装置。电动机的高效能量转化能力，使得机械系统的性能和可靠性大幅提高，推动了工业自动化和机电一体化的发展。

在工业生产中，电动机的应用范围极其广泛。从制造业的数控机床、自动化生产线，到交通运输中的电动车、地铁，再到日常生活中的家用电器、电动工具，电动机无处不在。特别是在数控机床和自动化生产线中，电动机与精密控制系统相结合，实现了高精度、高效率的生产过程，大幅提高了制造业的生产力和产品质量。

电动机的发明还催生了新的学科领域——电机学。电机学研究电动机的设计、制造、运行和控制，为电动机的应用和发展提供了理论支持和技术保障。随着电机学的不断发展，电动机的性能不断提高，电动机的应用领域也在不断扩展。现代电动机技术涵盖了微电机、伺服电机、步进电机等多种类型，能够适应不同的应用需求。

电动机的发明是机电一体化技术发展的里程碑。它不仅为各类机械设备提供了高效、可靠的动力源，还推动了电气工程的发展，奠定了机械系统电气化的基础。托马斯·爱迪生和尼古拉·特斯拉在直流电动机和交流电动机领域的杰出贡献，为现代电动机技术的发展奠定了坚实的基础。随着技术的不断进步，电动机将在更多领域发挥重要作用，推动工业自动化和智能化的发展。

（二）反馈控制原理的提出

反馈控制原理的提出是机电一体化技术发展的一个重要里程碑，它极大地提高了系统的控制精度和稳定性。反馈控制的概念最早由詹姆斯·克拉克·麦克斯韦于 1868 年提出，他在研究蒸汽调速器时，首次系统性地分析了如何利用反馈机制来稳定系统的输出。麦克斯韦的研究揭示了反馈控制的基本原理，即通过测量系统的输出与期望值之间的差异，并根据这一差异调整系统的输入，从而实现对系统行为的精确控制。

反馈控制理论的广泛应用极大地提高了工业自动化水平。在工业生产过程中，各种物理参数（如温度、压力、流量等）需要精确控制，以保证产品质量和生产效率。传统的控制方法通常依赖经验和手动调整，难以应对复杂多变的工况。而引入反馈控制后，通过自动调整控制参数，系统能够实时响应外部环境的变化，保持稳定的运行状态。在化工生产过程中，通过 PID 控制器对反应釜的温度进行精确控制，可以确保化学反应在最佳温度下进行，提高产品的纯度和产量。

伺服系统通过反馈控制实现对电动机位置和速度的精确控制，被广泛应用于数控机床、工业机器人等高精度设备中。在这些应用中，反馈控制系统实时监测电动机的实际位置和速度，并根据偏差调整电动机的驱动力，使其准确按照预定轨迹运动，确保加工和操作的精度。

反馈控制理论的不断发展和应用，还催生了现代控制理论。现代控制理论在经典控制理论的基础上，引入了更多的数学工具和方法，使得控制系统能够处理更加复杂和不确定的情况。自适应控制、鲁棒控制和最优控制等方法，通过对系统动态特性的深入分析和建模，实现了对复杂系统的精确控制和优化。这些先进的控制方法，进一步提高了机电一体化系统的智能化和自适应能力。

反馈控制原理的提出和发展，为机电一体化技术的进步奠定了坚实的基础。通过引入反馈机制，控制系统能够实时调整运行参数，提高了系统的控制精度和稳定性。PID 控制等经典控制方法在工业控制中的广泛应用，显著提高了生产过程的自动化水平和产品质量。随着现代控制理论的发展，反馈控制将在更多领域展现强大的应用潜力，推动机电一体化技术不断迈向新的高度。

（三）伺服电动机与伺服系统

伺服电动机与伺服系统的发展是机电一体化技术的重要里程碑，其核心在于通过精确控制电动机的位置和速度，实现高精度的机械运动控制。这一技术的成功应用不仅标志着机电一体化技术的初步成熟，也为现代自动化设备的发展奠定了基础。

伺服系统由伺服电动机、传感器、控制器和驱动器组成。伺服电动机是系统的执行元件，负责将电信号转换为机械运动。传感器（如编码器或旋转变压器）用于实时监测电动机的位置和速度，并将这些信息反馈给控制器。控制器（通常是 PID 控制器）根据预设的目标值和反馈信息，计算出控制信号，然后驱动器根据该信号调节电动机的电流和电压，从而实现对电动机的精确控制。

20 世纪 20 年代，第一代伺服电动机在美国问世，并迅速应用于军工领域，如火炮控制和飞行器控制系统。在这些应用中，伺服系统通过精确控制火炮和飞行器的运动，使其能够快速、准确地瞄准和跟踪目标。这种高精度的运动控制大大提高了武器系统的作战效能，也推动了伺服技术的进一步发展。

伺服系统的成功应用不仅局限于军工领域，在工业自动化中也发挥了重要作用。工业机器人是伺服系统的典型应用之一。工业机器人通过伺服系统实现对机械臂的精确控制，使其能够完成复杂的组装、焊接和搬运等任务。伺服系统的高精度和高响应速度，使工业机器人在高精度制造和高效生产中发挥了关键作用。在汽车制造中，焊接机器人通过伺服系统实现对焊接位置的精确控制，提高了焊接质量和生产效率。

伺服系统在数控机床中的应用也极大地推动了制造业的发展。数控机床通过伺服系统实现对刀具位置和进给速度的精确控制，从而能够加工出复杂形状和高精度的零件。这不仅提高了产品的质量并保持了其一致性，也大大缩短了生产周期，降低了生产成本。伺服系统在数控机床中的应用，使制造业向自动化和智能化方向迈出了重要一步。

此外，伺服系统在医疗设备、航空航天和消费电子等领域也得到了广泛应用。在医疗设备中，伺服系统用于控制手术机器人和影像设备，实现高精度的手术操作和成像定位。在航空航天领域，伺服系统被用于控制飞机的舵面和火箭的推进系统，以实现精确的姿态控制和轨迹调整。在消费电子中，伺服系统则用于光学设备和自动对焦系统，提高了图像和视频的拍摄质量。

伺服电动机和伺服系统的发展标志着机电一体化技术的初步成熟。通过精确控制电动机的位置和速度，伺服系统实现了高精度的机械运动控制，广泛应用于军工、工业自动化、医疗设备、航空航天和消费电子等领域。这些应用不仅提高了各行业的生产效率和产品质量，也推动了现代自动化设备的发展。伺服系统作为机电一体化技术的重要组成部分，将继续在未来的科技创新中发挥关键作用，推动各领域技术的进步和应用的发展。

（四）数控技术

数控技术是机电一体化技术的重要组成部分，其核心在于通过计算机程序控制机床的运动，实现对复杂零件的高精度加工。20 世纪 50 年代，CNC 在美国麻省理工学院诞生，这一技术的诞生标志着制造业进入了一个新的时代。

CNC 的工作原理是利用计算机控制系统，将预先编写的加工程序转换为机床的运动指令，从而精确控制机床的切削工具。加工程序通常由 CAD/CAM 软件生成，其包含零件的几何信息和加工工艺参数。控制系统通过读取这些程序，驱动机床的各个轴按照设定的路径和速度进行运动，实现对零件的高精度加工。

数控技术的应用带来了制造业的革命性变化。CNC 显著提高了生产效率。传统手动机床需要操作工人不断调整和定位，而 CNC 可以连续自动加工多个零件，减少了停机时间和人为干预。CNC 大大提升了加工精度和一致性。计算机控制系统能够精确控制机床的运动，确保每个零件的加工尺寸和形状完全一致，极大地提高了产品质量。

数控技术还推动了制造业向自动化和智能化方向发展。自动化生产线通过集成 CNC 和工业机器人，实现了从原材料到成品的全流程自动化加工。这种自动化生产线不仅提高了生产效率，还降低了劳动力成本和生产周期。此外，CNC 技术与物联网、大数据和人工智能的结合，使得智能制造成为现实。智能制造系统能够实时监控和优化生产过程，提高资源利用率和生产灵活性。

数控技术的应用范围非常广泛，其涵盖了航空航天、汽车制造、医疗器械、电子产品和模具制造等多个领域。在航空航天领域，CNC 用于加工复杂的飞机结构件和发动机零部件，要求极高的精度和可靠性。在汽车制造中，CNC 用于生产发动机、变速器和车身结构件，极大地提高了生产效率和产品质量。在医疗器械领域，CNC 技术用于制造精密的手术器械和植入物，确保产品的高质量和一致性。

数控技术的发展也带动了相关配套技术的进步。高性能伺服电动机和驱动器、先进的控制算法、精密的传感器和测量系统等，都在数控机床中得到了广泛应用。这些技术的不断创新和进步，进一步提高了数控机床的性能并拓宽了其应用范围。

　　数控技术作为机电一体化技术的重要组成部分，通过计算机程序控制机床的运动，实现了复杂零件的高精度加工，带来了制造业的革命性变化。数控技术不仅提高了生产效率和产品质量，还推动了制造业向自动化和智能化方向发展。随着技术的不断进步，数控技术将在更多领域展现其重要价值，推动各行业的技术创新和应用发展。

二、早期应用

　　机电一体化技术的早期应用涵盖多个领域，显著提高了各行业的生产效率和产品质量。

（一）纺织工业

　　机电一体化技术在纺织工业中的应用始于 19 世纪，极大地推动了纺织生产的机械化和自动化。自动织布机的发明和应用，使得纺织生产从手工操作转变为机械化生产，显著提高了生产效率和产品质量。电动机的引入进一步提高了织布机的速度和效率，而反馈控制系统的应用则确保了在织布过程中张力和速度的稳定，从而提高了织物的质量并保持了其一致性。

　　19 世纪初，织布仍然主要依靠手工操作，这种方式不仅效率低下，产品质量也参差不齐。随着工业革命的推进，自动织布机应运而生。1785 年，埃德蒙·卡特赖特发明了第一台机械化织布机，利用水力驱动，这台织布机标志着纺织生产开始向机械化迈进。然而，真正推动纺织工业大规模机械化的是 19 世纪末电动机的广泛应用。

　　电动机的引入彻底改变了纺织工业。电动机具有高效、稳定、易于控制的特点，使得织布机的速度和效率大幅提高。通过电动机驱动，织布机能够以恒定的速度连续运转，大大提高了生产效率。此外，电动机的应用也减少了对人力的依赖，降低了劳动成本，促进了纺织工业的快速发展。

　　随着电动机驱动的织布机普及，纺织工业逐渐引入了反馈控制系统，以确保织布过程中的张力和速度稳定。反馈控制系统通过实时监测织布机的运行状态，根据预设的控制策略调整电动机的输出，从而保持织布过程中各项参数的稳定。在织布过程中，张力和速度的稳定对于织物的质量至关重要。

反馈控制系统能够根据张力传感器和速度传感器的反馈信息，调整电动机的速度和力矩，确保织布机以最优状态运行，从而提高织物的质量和一致性。

这种自动化控制的引入，不仅提高了生产效率和产品质量，还极大地提高了生产过程的稳定性和可靠性。纺织厂能够更精确地控制生产过程中的各项参数，减少了废品率和返工率，提高了整体生产效率和经济效益。此外，自动化控制系统的应用，也使得生产过程更加灵活，能够更快地适应市场需求的变化，实现多品种、小批量的生产模式。

自动络筒机、自动缫丝机和自动染色机等设备的开发和应用，大大提高了纺织生产的自动化水平。这些设备通过机电一体化技术，实现了各个工序的自动化控制和协调运作，提高了生产效率和产品质量。

机电一体化技术在纺织工业中的应用始于 19 世纪，通过自动织布机的发明和应用，以及电动机和反馈控制系统的引入，极大地推动了纺织生产的机械化和自动化。这些技术的应用不仅提高了生产效率和产品质量，还提高了生产过程的稳定性和灵活性，为纺织工业的发展注入了强大动力。随着技术的不断进步，机电一体化将在纺织工业中继续发挥重要作用，推动行业的持续创新和发展。

（二）制造业

早期的自动化制造设备，如冲压机、装配线和数控机床，通过电动机驱动和控制系统，实现了高效、精准的生产过程。这些技术的引入和应用，不仅提高了生产力和产品质量，也推动了制造业向自动化和智能化方向发展。

在制造业的早期，手工操作是主要的生产方式，生产效率低下且产品质量不稳定。随着工业革命的推进，电动机和机电一体化技术逐渐被引入制造业，自动化制造设备应运而生。冲压机作为一种典型的自动化设备，通过电动机驱动和控制，实现了金属材料的高效冲压和成形。电动机提供了稳定的动力源，确保冲压过程中的一致性和精度，极大地提高了生产效率和产品质量。

装配线是另一个重要的自动化制造设备。20 世纪初，亨利·福特在汽车生产中引入了装配线技术，通过电动机驱动和机械传动，实现了各个生产环节的自动化连接。装配线将复杂的制造过程分解为多个简单的工序，使每个工人专注于特定的任务，从而提高了生产效率和产品质量。电动机的应用不仅提供了持续稳定的动力，还使得装配线能够根据生产需求灵活调整速度和节奏，进一步提高了生产的灵活性和适应性。

CNC 的出现，是制造业自动化技术的又一次飞跃。20 世纪 50 年代，数控技术在美国麻省理工学院诞生，数控机床通过计算机程序控制机床的运动，实现对复杂零件的高精度加工。数控技术的应用，使得复杂零件的加工变得更加容易和精确，大大提高了制造业的生产力和产品质量。CNC 能够按照预先设定的程序，自动完成一系列加工操作，减少了人为干预和误差，提高了加工精度和一致性。

数控技术的应用不仅局限于单机床的自动化加工，还推动了柔性制造系统（FMS）和计算机集成制造系统（CIMS）的发展。FMS 通过集成多台 CNC 和自动化传输系统，实现了不同工序的自动化连接和协同工作，进一步提高了生产效率和灵活性。CIMS 则将整个生产过程中的各个环节，包括设计、加工、装配和检测等，通过计算机系统进行集成和管理，实现了生产全过程的自动化和信息化管理。

机电一体化技术的应用不仅提高了制造业的生产效率和产品质量，还促进了新型制造模式的出现。增材制造技术通过计算机控制层层堆积材料，实现复杂零件的快速成型和制造。机器人技术在制造业中的应用，也极大地提高了生产的自动化水平和灵活性。工业机器人可以完成焊接、喷涂、搬运等多种任务，提高了生产效率和工作环境的安全性。

制造业作为机电一体化技术最重要的应用领域之一，经历了从手工操作到自动化制造的巨大转变。早期的自动化制造设备通过电动机驱动和控制系统，实现了高效、精准的生产过程。数控技术的应用，使复杂零件的加工变得更加容易和精确，大大提高了制造业的生产力和产品质量。随着技术的不断进步，机电一体化技术将在制造业中继续发挥重要作用，推动行业向更高效、更智能的方向发展。

（三）航空航天

航空航天领域对高精度和高可靠性的需求，极大地推动了机电一体化技术的快速发展。伺服系统、自动驾驶仪和导弹制导系统等技术的引入和应用，使得航空航天器的姿态和轨迹控制变得更加精确和可靠，这标志着机电一体化技术在这一领域的成熟和进步。

伺服系统通过精确控制电动机的位置、速度和加速度，可以实现飞行器各个运动部件的高精度控制。在飞行控制中，伺服系统用于调整飞行器的舵面，如升降舵、方向舵和副翼，以实现对飞行器姿态和轨迹的精确控制。传感器实时监测飞行器的姿态和位置，将数据反馈给控制系统，控制系统根据预设的控制算法调整伺服电动机的输出，使飞行器按照预定的轨迹飞行。这种高精度的控制不仅提高了飞行器的飞行性能，还确保了飞行安全。

20 世纪中期，自动驾驶仪的研制和应用进一步推动了机电一体化技术在航空航天领域的发展。自动驾驶仪通过自动化控制系统，接管飞行员的部分或全部操作，使飞行器能够自动完成起飞、巡航、降落等飞行任务。自动驾驶仪综合利用多种传感器的数据，如气压高度计、陀螺仪、加速度计和GPS，实时监测飞行器的状态和外部环境，并根据预设的飞行计划和实时数据调整飞行参数，确保飞行器的稳定飞行和精确导航。自动驾驶仪的应用，不仅减轻了飞行员的工作负担，提高了飞行效率和安全性，还在恶劣天气和长途飞行中表现出色。

导弹制导系统是机电一体化技术在航空航天领域的另一个重要应用。导弹制导系统通过一系列传感器和控制器，实现对导弹飞行路径的精确控制，确保导弹能够准确命中目标。早期的导弹制导系统主要依靠陀螺仪和无线电指令实现控制，随着技术的发展，现代导弹制导系统引入了红外、激光和卫星导航等多种制导方式，大大提高了导弹的命中精度和抗干扰能力。导弹制导系统的核心是伺服控制，通过反馈控制系统实时调整导弹的姿态和方向，使其保持在最佳飞行路径上。精确的姿态和轨迹控制，使导弹能够在复杂的战场环境中灵活机动，提高了打击效果和战斗力。

机电一体化技术在航空航天领域的应用，不仅局限于飞行器和导弹的控制系统，还包括航天器的姿态控制、卫星的轨道调整、空间站的机械臂控制等。在这些应用中，机电一体化技术通过高精度的传感和控制，实现了对复杂空间环境下各种设备的精准操作和控制，确保了航天任务的成功和安全。

航空航天领域对高精度和高可靠性的需求，极大地推动了机电一体化技术的发展。伺服系统、自动驾驶仪和导弹制导系统等技术的应用，使航空航天器的姿态和轨迹控制变得更加精确和可靠，标志着机电一体化技术在这一领域的成熟和进步。这些技术不仅提高了航空航天器的性能和安全性，还为未来更复杂的航空航天任务提供了坚实的技术基础。随着技术的不断进步，机电一体化技术将在航空航天领域继续发挥重要作用，推动行业向更高效、更智能的方向发展。

（四）汽车工业

汽车工业是机电一体化技术的应用领域之一，电动机和伺服系统的引入极大地提高了生产线的自动化程度和生产效率。在汽车制造过程中，焊接机器人和装配机器人通过精确的运动控制和实时监控，实现了高效的生产过程。同时，现代汽车中的电子控制单元（ECU）通过机电一体化技术，实现了对发动机、变速器和制动系统的精确控制，从而提高了汽车的性能和安全性。

在汽车制造过程中，焊接和装配是两个关键环节。传统的手工焊接和装配不仅效率低下，而且质量不稳定。随着机电一体化技术的发展，焊接机器人和装配机器人开始广泛应用于汽车生产线。这些机器人通过伺服系统实现精确的运动控制，能够在三维空间内进行复杂的焊接和装配操作。伺服系统实时监测机器人的位置和速度，并根据预设的程序进行调整，确保每一焊点和装配部件的位置准确无误。通过实时监控和反馈控制，机器人能够快速响应变化，提高生产效率和产品质量。

焊接机器人在汽车生产线中的应用，不仅提高了焊接质量，还减少了人为操作的误差和劳动力成本。机器人能够在高温和有害环境中连续工作，提高了工作环境的安全性。同时，机器人可以根据生产需求灵活调整焊接参数和工艺，适应不同车型和生产批次的要求。装配机器人则负责车身、内饰和零部件的精确装配，通过机电一体化技术，实现了高度自动化的装配过程，保证了每一辆汽车的装配质量和一致性。

在现代汽车中，ECU 是机电一体化技术的核心应用之一。ECU 通过传感器和执行器，实现对发动机、变速器和制动系统等关键部件的精确控制。发动机 ECU 通过实时监测进气量、燃油喷射量、点火时刻等参数，优化发动机的工作状态，提高燃油效率和动力输出。变速器 ECU 则根据驾驶员的操作和车辆的行驶状态，自动调整变速器的换挡时机和方式，提高驾驶体验和车辆性能。

制动系统中的电子稳定控制（ESC）和防抱死制动系统（ABS）也是 ECU 的重要应用。这些系统通过传感器实时监测车轮的转速、车辆的姿态和路面情况，当检测到打滑或失控风险时，ECU 会迅速调整制动力和发动机制动，以保持车辆的稳定性和安全性。此外，现代汽车还配备了大量的智能辅助驾驶系统，如自适应巡航控制（ACC）、车道保持辅助（LKA）等，这些系统依赖 ECU 的高效计算和精确控制，显著提高了驾驶安全性和便利性。

机电一体化技术在汽车工业中的广泛应用，极大地提高了生产线的自动化程度和生产效率。焊接机器人和装配机器人通过精确的运动控制和实时监控，实现了高效、高质量的生产过程。同时，ECU 通过对发动机、变速器和制动系统的精确控制，提高了汽车的性能和安全性。随着技术的不断进步，机电一体化技术将在汽车工业中继续发挥重要作用，推动行业向更高效、更智能和更安全的方向发展。

（五）军事工业

军事工业对机电一体化技术的需求极大地推动了其早期发展，尤其在"二战"期间，伺服系统被广泛应用于火炮瞄准和飞行器控制中，大幅提高了武器系统的精度和反应速度。战后，机电一体化技术在导弹制导、雷达控制等领域继续发挥重要作用，显著提高了军事装备的自动化水平。

在"二战"期间，伺服系统的应用成为武器系统发展的关键。火炮瞄准需要高精度的角度控制和实时调整，以确保命中目标。伺服系统通过电动机和反馈控制系统，能够精确调整火炮的方向和角度，使瞄准更加快速和精确。利用传感器检测火炮的位置和角度，并将信息反馈给控制系统，实时调整电动机的输出，确保火炮在最短时间内对准目标。这种精确控制不仅提高了射击精度，还增强了火炮的反应速度，使其在战场上更具威力。

在飞行器控制系统中，伺服系统同样发挥了重要作用。飞行器的姿态和轨迹控制需要高精度和高可靠性，伺服系统通过精确控制舵面和发动机推力，实现对飞行器姿态的精确调整。伺服系统的引入，使得飞行器能够在复杂的空战环境中灵活机动，提高了战斗机的作战效能和生存能力。"二战"期间，伺服系统在飞行器中的应用，为现代航空电子技术的发展奠定了基础。

"二战"后，机电一体化技术在军事领域继续迅速发展，导弹制导和雷达控制成为新的应用焦点。导弹制导系统依赖精确的姿态控制和轨迹调整，伺服系统通过控制导弹的舵面和推进系统，实现导弹在飞行中的精确导航和控制。早期的导弹制导系统主要依靠陀螺仪和无线电指令，随着技术的进步，现代导弹制导系统引入了红外、激光和卫星导航等多种制导方式，大大提高了导弹的命中精度和抗干扰能力。伺服系统的高精度和高响应速度，确保了导弹能够在复杂战场环境中准确命中目标。

雷达系统需要精确控制天线的方向和扫描角度，以检测和跟踪空中和地面的目标。伺服系统通过精确控制雷达天线的运动，实现对目标的快速捕捉和连续跟踪。雷达控制系统的高精度和高可靠性，使得雷达能够在恶劣环境下稳定工作，提高了军事装备的探测能力和预警能力。

机电一体化技术在军事装备的自动化和智能化发展中也发挥了重要作用。现代军事装备，如无人机、无人战车和智能弹药，广泛应用机电一体化技术，实现自动化操作和智能化控制。这些装备通过集成传感器、伺服系统和计算机控制系统，能够自主完成侦察、打击和支援任务，提高了作战效能和战场生存能力。

军事工业对机电一体化技术的需求推动了其早期发展，伺服系统在火炮瞄准和飞行器控制中的应用显著提高了武器系统的精度和反应速度。战后，机电一体化技术在导弹制导、雷达控制等领域继续发挥重要作用，显著提高了军事装备的自动化水平。随着技术的不断进步，机电一体化技术将在军事工业中继续发挥重要作用，推动军事装备向更高效、更智能的方向发展。

机电一体化技术的关键发明和早期应用，极大地推动了各个行业的技术进步和生产效率的提高。这些发明不仅奠定了现代机电一体化系统的基础，也为未来的技术创新和应用开辟了广阔的前景。随着技术的不断进步，机电一体化技术将继续在各个领域发挥重要作用，推动工业自动化和智能化的不断发展。

第二章　核心组件与技术

机电一体化技术的进步离不开其核心组件与技术的不断发展和创新。在这一领域，传感器技术、控制系统和执行机构共同构成了机电一体化系统的三大核心要素。传感器技术是系统的感知部分，通过各种传感器实时采集环境和工作状态信息，为系统提供精确的数据输入。控制系统则是系统的"大脑"，负责处理传感器传来的信息，运用各种控制算法做出决策，实时调整系统的运行状态。执行机构则是系统的"肌肉"，将控制系统的指令转化为具体的机械运动或操作。通过这三大核心组件的紧密配合，机电一体化技术实现了高效、精准的自动化控制，在工业、医疗、航空航天等众多领域发挥着重要作用。

传感器技术

近年来，随着社会经济的迅速发展，各行各业的竞争压力随之增大。社会发展对生产技术以及生产效率的要求也越来越高。传感器技术在机电技术中的应用解决了生产中的很多问题，节省了人工成本，避免了人工工作存在的误差，使各项机电技术生产变得更加高效。传感器技术的不断推广为人们的生产和生活带来了极大的方便，特别是传感器技术应用于机电技术中，大大提高了机电设备的运行效率，也提高了传感器的安全性。随着经济社会的持续发展，传感器技术的应用将会越来越广泛，在未来的社会发展中将会为各行各业作出更多的贡献。

一、传感器技术概述

传感器是由较为敏感的感应元件组成，具有较强的传输信号的功能，在我们的日常生活中应用较为广泛。传感器技术具有较高的技术水平，它最大的特点在于其智能化的操作能够大大降低人员成本，还能减少因为人为操作带来的工作误差，综合来讲传感器技术的性价比较高。随着技术水平的不断进步，传感器的应用逐渐得到各行各业的推广。传感器技术的设计严密，对一些机械设备的控制具有较高精准度的计算功能，能够对机械设备的操作进行严密的控制，值得我们引用和推广。与此同时，传感器具有占据体积面积较小的特点，重量配比相对较轻，应用便捷，因此得到广泛的推广和应用。近年来，随着各项经济的迅速发展，生产效率亟待提高，传感器技术随之迅速推广开来，应用于各个领域中，为人们的生产和生活解决了很多问题，大大提高了各行各业的生产效率。

二、传感器技术的重要性

（一）有利于稳定机电零件

传感器技术是一种集感应元件与计算机控制系统于一体的技术创新，它在机电设备的正常运行中发挥着重要作用。在机电设备的运行过程中，其各项零部件是否可以正常运行对机电设备本身发挥了极大的促进作用。传感器可以通过感应元件和计算机控制系统监测机电设备零件的各项设备零件，能够及时检测到机电设备的零件异常情况，为稳定机电设备的平稳运行提供保障。

（二）有利于避免机电设备发生故障

机电设备在运行过程中难免会出现一些不可预知的问题，在实际的运行中会出现一些运行故障。当人们将传感器技术运用于机电设备的故障诊断中时，可以有效对系统将要以及已经发生的故障进行排查和检修，其各方面的效率远远高于人为的检修和排查效率。机电设备系统的正常运行是一个提前规划和计划的过程，其要求相关工作人员将自身专业知识与相关政策相结合，并且在此基础上建立一套完整的技术方案。但由于机电设备的工作程序繁杂和多样化的特点，提前设定的设备运行方案不可避免地带有偏差和不确定性。这就要求机电设备系统运行和操作的过程中要不断地进行自检，排除故障的可能性，提高机电设备工作的持续性。在机电设备的故障诊断中引用传感器技术，可以更加有效地保证机电设备的正常运行，从而提高生产效率。

三、传感器技术在机电技术中的应用

（一）传感器技术在机械机电中的应用

机械机电对机械灵活度的要求很高，其运行需要以灵敏的工作能力作为前提条件。要求其中的技术具备动态的监测功能，而传感器的特点恰好符合机械机电的运行要求。在机电机械设备的工作程序中，充足的电力供给是一项不可缺少的条件，电力的平稳持续供给是机械设备工作不可或缺的工作前提条件。电力供给是一项相当复杂的过程，这个过程要求电力工程建设的相关工作人员必须具备专业的个人素养以及丰富的工作经验。但是，目前，经济迅速发展，人才需求量不断增加，导致电力工程项目建设的人才短缺，很多人员缺乏较高的技能水平，不利于电力供给的顺利推进，致使电力工程项目建设中的质量与安全管理得不到相应的保障。想要解决这一问题，就必须加大科学技术投入，科学技术的投入包括管理模式、科学技术、先进的技术设备投入等。首先，要不断地吸收借鉴先进的管理模式，提高管理的质量，完善工作的流程。其次，要加强科学技术的投入，学习先进的科学技术，更新传统的建设方式，提高建设效率。因此，人们将传感器技术运用于机电机械设备系统中时，电力系统可以通过传感器技术的控制给予机械设备系统持续的电量供给，为机电系统的正常运行提供保障。当电力系统出现一些问题无法正常为机电设备提供充足的电量供给时，传感器技术控制下的电力系统可以提前将问题反馈输出，并能及时引用临时防护系统对机电系统进行持续的电量供给，解决临时的问题出现，为机电系统的正常运行提供了充足的条件。这就是传感器技术在机械机电设备中的应用。

（二）传感器技术在机电切削工艺中的应用

传感器技术在机电切削工艺中的应用是一项较为典型的案例，在传统的机电切削工艺中，全部采用人工操作的方法对机械设备实施控制。人工操作的方法在实际工作中具有不可控的因素存在，难免在其中会出现一些故障和人身安全问题。机电切削设备的正常运行具有很高的技术要求，切削工艺的整个工作流程相当复杂，它的每一道工序都具有很高的技术标准，在实际的工作运行中有很高的技术要求。因此，当人们将传感器技术运用于电气控制中时，要对传感器技术在切削机电设备控制中进行信号以及电子语言进行编辑和输入，在保证电气设备能够满足切削工艺工作能够正常有序进行的前提下进行使用。当人们将传感器应用于机电切削工艺中时，传感器技术通过其自身的工作控制原理对机电切削的运转轨迹进行精确的定位，对切削的轨迹进行精确地把握和控制，大大提高了机电设备的切削工艺技术水平，同时也提高了设备的工作效率，为切削工艺行业带来了极大的便利条件。

（三）传感器技术在机器人机电技术中的应用

传感器技术的应用，其中最为典型的案例是传感器技术机器人的产生，传感器技术的原理在传感器技术机电设备中发挥重要作用。传感器技术是一种模仿人类思维和行为动作进行工作的技术。将传感器技术应用于机床电气自动化中是一种较为先进的生产方法，不仅降低了生产成本，还提高了生产效率。例如，传感器技术电气设备的设计过程是一项较为复杂的过程，不仅体现在其程序的复杂性上，还体现在其技术的复杂性上。传感器技术电气系统中的安全管理具有重要作用，对工程项目的建设具有重要意义。因此，人们在传感器技术工作过程中要实行全方位的管理，增强监督力度，从而实现全面的管理。一方面，相关管理人员应该认真研究其施工的作业规律、总结经验，对任何一项会对传感器技术程序产生不利影响的因素进行全方位的规避，尽量完善安全与质量管理方案。另一方面，人们可以将传感器技术应用于传感器技术电气设备中，可以在很大程度上提高电气设备的运行效率，增进传感器技术电气设备的可操作性，减少人为设备操作过程中的技术误差，大大提高传感器技术工序的工作效率，使传感器技术电气设备得到很大的进步和创新。

（四）传感器技术在数控机床中的应用

近年来，传感器技术不断更新和发展，并逐渐被应用于数控机床中。数控机床是一项重要的技术更新的代表。传感器在现代数控机床的运行中扮演着重要角色，传感器具有体积小、操作灵活便捷的特点。传感器通过对机床运行的数据收集和传输来实现数控的效果，大大改善了传统机床运行的效率，使得传统机床设备向现代化迈出了重要的一步。机床工艺程序复杂，在机床工作中所运用的设备也同样具有复杂性的特点。将传感器技术运用于机床设备的日常操作中可以有效提高机床的工作速度及质量，降低机床机械设备的操作难度。传统的机床设备使用的是人工操控的方法，设备操作程序复杂，工艺烦琐，在经济迅速发展的今天，传统的工作方式已经明显不能适应。在这样的背景下，将传感器技术运用于机床设备的操作中，模仿人力手工操作的方式将机械设备的操作程序提前输入电子计算机设备。传感器技术在机床设备中的应用也是同样的道理，机床设备在操作的过程中需要运用传感器技术将机械设备运行的基本原理转换成计算机语言输入设备，并通过设备输出的方式对机床电气设备进行操控，使机床技术设备的操作变得十分便捷和高效。在机床设备设计研发过程中，需要重点关注其设计的合理性和可操作性，避免出现误差，这也是传感器技术在数控机床中应用的目的。

（五）传感器技术在环境监测机电技术中的应用

环境监测是当下社会经济发展过程中备受人们关注的重点话题，当下人们的物质需求不断提高，为了更好地满足当下人们的生活需求，各项经济的发展必须紧跟时代的需求，在提高农业生产的数量和质量的过程中过就会出现一个问题，那就是农业的现代化发展并没有注意到生态环境的合理保护，给生态环境带来了十分严重影响。因此，环境监测成为一项重要的工作。环境监测工作受到外部环境的影响，温度以及天气的不稳定给环境监测工作带来了很大的影响。但是，传感器技术恰恰可以很好地解决环境监测工作中的这一问题，适应环境中的各种变化，提高监测的准确性，并且能够降低人员成本，提高工作效率。

传感器技术在机电技术中的应用是一项重要的发明，推动了现代社会经济发展的脚步，为人们的生产、生活带来了极大的便利。相信在未来的发展过程中，传感器技术将会被不断创新，并应用于更加广泛的领域。

智能控制技术

在现代工业生产中，机电一体化系统的应用越来越普遍。机电一体化系统的应用不仅极大地提高了产出效率，对于生产安全性的提升也有着十分显著的效果。特别是在当前工业产品附加值不断提升、产品生产质量以及产品精度不断提高的背景下，工业生产流程的复杂性在无形中增加，因此，对机电一体化系统的功能也提出了更高的要求。在这样的背景下，传统的工业控制技术显然已经难以满足新时期的需求，由此，智能控制技术应运而生。智能控制技术的应用在极大程度上减少了人为因素对控制作业的影响，为复杂设备环境下控制问题的解决提供了崭新的处理方法。

一、智能控制概述

所谓智能控制是指在无人干预的条件下，智能驱动机器人对控制目标进行智能化的控制。实际上，智能控制技术的应用是现代控制理论的深层次延伸与拓展。智能控制的核心在于高层控制，通过对实际流程、环境的组织、规划达到解决实际问题的目的。从这一角度来讲，智能控制具有较强的交叉学科特点。例如，其中所涉及的运筹学、系统工程以及信息论等学科的知识，不同学科的交会与融合也使得智能控制技术成为当前自动控制领域中不容忽视的要素。与传统的控制系统相比，智能控制的整体结构也具有更强的开放性。除此之外，与人为控制相比，智能控制系统的安全性也更加突出。在实际操作中可以通过提前设置程序的方式，对一些较危险的工作预设操作指令，这对于提高生产效率，进一步促进现代工业的发展也是大有裨益的。当前基于智能控制的应用拓展主要有神经网络、分级控制以及专家系统等，以神经网络为例，其借助人工神经网络，构建起了具有可变结构、分布存储以及并行计算特性的控制体系。专家系统同样是利用专家团队，对困难现象进行描述，其在机械故障的诊断与排除中的应用价值也十分突出。分级控制则主要是更好地服务于组织与执行之间的配合，应用中要确保系统更加畅快地运行，需满足自适应控制以及自组织控制这两个基本条件。

二、智能控制在机电一体化系统中的运用优势

机电一体化也被称为机械电子工程，其本质就是将微电子技术与机械操作相融合，以此来满足现代工业生产的需求。在实际的应用中，机电一体化技术具备高效、节能、精度高等优势，除此之外，在工作中也具有强度高、危险性强等问题。智能控制就是在机电一体化系统中根据实际需求编写程序，以此实现对多台机床的同步控制，这不仅能够有效降低人力成本，还能够使操作流程更加简便。除此之外，智能控制技术在机电一体化中的应用，也极大地缩减了人为操作因素对加工质量的影响。通过相关指令的实时接收，智能控制技术能够实现对作业生产的实时控制与调整，这在保证了产品质量的同时，也增强了系统运行的可靠性与安全性。

基于智能控制技术的机电一体化系统，也实现了对生产流程的全面监控与统一部署，使各生产要素之间的衔接更加密切。针对不同参数的产品要求，也可以通过便捷的参数设置方法予以满足。可以说，正是智能控制技术的优异性能以及多重应用价值，促进了机电一体化系统的不断升级与发展，并进一步引发了新一轮的产业升级与改革。

三、智能控制在机电一体化系统中的应用实践

在现代技术不断更新换代的背景下，智能控制技术的研发也处于一个不断更迭的状态。在机电一体化控制领域中，智能控制技术的应用也越发深入。

（一）机械制造

机械制造是机电一体化最重要的应用领域，也是机电一体化应用最具典型的代表。在以往的工作模式下，生产技术以及生产效率的低下导致产品的质量得不到有效的保障。随着当前技术的不断升级，特别是智能技术的变革与发展直接推动了新一轮生产革命的兴起。以智能控制技术为依托的机电一体化系统也快速取代了以往的人工作业模式。在仿真模拟技术形式的支持下，机械制造正朝着数字化的方向高速发展。机电一体化作为机械加工与计算机技术新时期背景下重要的载体，通过智能控制的形式促进了新一代智能制造系统的诞生。借助神经网络、模糊数学等理论知识的应用，对产品生产的过程进行建模，以此为基础做出相应的调整与完善，这也能够最大限度确保产品的生产效率与生产质量。在实际生产作业的过程中，智能控制的应用也可以以传感器融合技术为载体，对机械制造过程进行动态模拟。与此同时，实现对反馈信息的收集与处理能够为后续的生产调整与改革提供参考。

（二）数字控制

数字控制是指利用数字化信息技术对机械加工过程进行控制。在现代工业生产中，产品的生产不仅是快速完成零部件加工，更重要的是使设备本身具备一定的知识处理能力。当收集和获取了设备运行的反馈信息之后，能够动态地对产品加工方法进行调整。因此，对于数字控制而言，人机交互性以及通信能力至关重要。

实际上，智能控制与数字控制之间也有着较多的契合点，以模糊控制理论为基础可以对数控系统中的不同模块加以控制。在数据控制系统中，智能控制的应用范围更加广泛，其中神经网络控制技术尤为突出，该技术自身具备较强的自适应能力。在生产过程中能够进行补差计算，除此之外，还能够对零部件的加工进行增益调节。补差计算就是指在加工过程中，能够就毛坯部件关键部位的信息点进行定位，以此为后续的精密化加工夯实基础。

（三）机器人

机器人本身就是一种智能机械设备，其不仅具备较强的计算能力、辨识能力，还具有较强的执行能力。在实际应用过程中，机器人时变性、非线性以及耦合性等特征也十分突出。智能控制的应用有效改善了以往机器人在运动姿态下存在的系列问题，借助精密的计算，帮助机器人对行进路线做出更加科学有效的规划。除此之外，基于智能控制，机器人也具备了一定的学习能力，这使机器人能够高效处理一些复杂的信息问题。

在设计的环节中，可以将智能控制技术与机器人的视觉系统相连接，让机器人可以借助自身的传感器来感应周围事物。与此同时，也赋予了机器人躲避障碍物的能力，机器人的动作也会因此变得更加协调。不仅如此，智能控制通过专家建模以及运动控制等形式，能够对周边的环境进行监测，这也为机器人的实际应用提供了更为可靠的支持。

（四）建筑工程

近年来，随着社会经济的不断发展，人们对于生活品质的需求也在不断提高。智能控制技术在建筑工程领域的应用价值也得到了凸显。就当前而言，智能控制在建筑工程机电一体化中的应用主要包括两个方面，分别是空调系统及照明系统。以空调系统为例，通过比例－积分调节器闭环来模拟四季温度，同时智能调节空调风阀，在提高空气质量的同时也起到了有效的节能减排作用。在照明系统中，智能控制系统则是通过建筑主体之间的互联通信，对每一位用户通信线路运行情况进行有效的把握，当出现故障或者其他问题的时候，能够做出精准有效的反应，以此来保障系统的运行安全。同时，对于建筑照明区域、时间的控制也是智能控制的主要应用范围，这在便捷用户生活的同时，也能够有效降低能源消耗。总体而言，智能控制在建筑工程领域中的实际应用，在一定程度上推动了人类现代化生活方式的转变与升级，在今后的发展道路中，智能控制也将在建筑领域的机电一体化系统中得到更为广泛的应用。

在机电一体化系统的发展与应用中，智能控制的应用十分必要，其不仅能够有效提高企业的生产效率，同时其在保障生产安全、提高生产质量等方面的价值也尤为突出。为了进一步发挥智能控制技术的应用价值，需结合现阶段的技术发展水平以及现实生产生活的需要做出调整，以此来更好地促进行业的进步与发展。

执行机构

执行机构是机电一体化系统的核心组成部分之一，其主要功能是将控制系统发出的指令转化为具体的机械运动或操作。执行机构的性能直接影响系统的精度、速度和稳定性，这是实现自动化和智能化控制的关键。常见的执行机构包括电动机、液压执行器和气动执行器等。

一、电动机

电动机是最常见的执行机构之一，通过将电能转化为机械能，实现旋转或直线运动。根据工作原理和结构的不同，电动机可分为直流电动机、交流电动机、伺服电动机和步进电动机等。

（一）直流电动机

直流电动机因其易于控制和调节速度，被广泛应用于各种工业领域。直流电动机的工作原理是通过电刷和换向器将直流电转换为机械能，从而实现机械运动。这种设计使得直流电动机能够提供稳定的转矩和速度控制，因此在需要精确控制的应用中非常受欢迎，如电动车、起重机和数控机床等。

在电动车中，直流电动机的精确调速和控制特性，使其能够实现平稳的加速和减速，提升驾驶体验。同时，直流电动机的高效能量转换能力也延长了电动车的续航里程。在起重机应用中，直流电动机通过精确控制提高和降低速度，提高了操作的安全性和效率。数控机床中的直流电动机则通过精确控制进给速度和切削力，确保了加工零件的高精度和高质量。

直流电动机也存在一些明显的缺点，主要集中在电刷和换向器的设计上。电刷和换向器在运行过程中不断接触和分离，产生火花和电弧，这不仅导致电刷的磨损，还引发电磁干扰。随着使用时间的增加，电刷逐渐磨损，需要定期更换和维护，维护成本较高，还导致设备停机，影响生产效率。此外，电刷和换向器的摩擦也限制了直流电动机在高转速和大功率应用中的使用，特别是在长时间运行和高负载条件下，直流电动机的性能和可靠性会受到较大影响。

为了克服这些问题，研究人员和工程师们在不断探索改进直流电动机的设计和材料。例如，采用无刷直流电动机（BLDC）技术，通过电子换向器取代机械换向器，消除了换向器的磨损问题，无刷直流电动机不仅提高了效率和可靠性，还能够在更高的转速和更大的功率范围内稳定运行。然而，无刷直流电动机的控制系统相对复杂，成本也较高，因此，其应用范围仍受到一定限制。

直流电动机因其优异的控制性能和灵活性，在工业应用中占据重要地位。尽管存在电刷磨损和维护成本高的问题，但其在精确控制需求较高的领域仍然具有不可替代的优势。随着技术的不断进步和创新，直流电动机的性能和应用范围将进一步扩展，继续在各个工业领域中发挥重要作用。

（二）交流电动机

交流电动机利用交流电源产生旋转磁场，通过定子和转子的相互作用实现机械运动。交流电动机的基本原理是，当交流电流通过定子绕组时，产生一个旋转磁场，这个旋转磁场与转子的磁场相互作用，产生转矩，从而驱动转子旋转。由于其工作原理和结构设计，交流电动机表现出许多优异的性能，使其在工业应用中占据重要地位。

交流电动机结构简单，主要由定子、转子和外壳组成。定子是静止部分，通常由多相绕组和铁芯组成。转子是旋转部分，可以是笼形转子或绕线转子。笼形转子由于其坚固耐用和低维护需求，在工业中应用广泛。整个电动机的设计坚固耐用，能够承受恶劣的工作环境和高强度的使用条件。由于没有像直流电动机那样的电刷和换向器，交流电动机的维护需求大大降低，仅需定期检查和润滑轴承即可。

交流电动机特别适合大功率和长时间运行的应用场景。例如，在风力发电中，交流电动机用作发电机，将风能转化为电能。由于风力发电设备通常安装在偏远且维护困难的地方，电动机的可靠性和低维护需求显得尤为重要。交流电动机的坚固设计和高效率使其成为风力发电的理想选择。

在压缩机应用中，交流电动机通过驱动压缩机的工作部件，实现气体压缩过程。压缩机常用于工业生产、制冷和空调系统中，需要长时间稳定运行。交流电动机的高效率和耐用性确保了压缩机的可靠运行，并降低了能源消耗和维护成本。

泵系统也是交流电动机的应用领域之一。泵用于输送液体或气体，被广泛应用于农业灌溉、水处理和石油化工等领域。交流电动机驱动的泵系统能够提供稳定的动力输出和高效的运行性能。特别是在需要长时间连续运行的场合，交流电动机的耐用性和低维护特点显得尤为突出，确保了泵系统的高效和可靠运行。

随着变频器技术的发展，交流电动机的应用范围进一步扩大。变频器通过调整电源频率和电压，实现对交流电动机转速和转矩的精确控制。这使得交流电动机不仅适用于恒速应用，还可以灵活地应用于需要变速和变负载的场合，如电梯、起重机和工业机器人等。变频器的引入大大提高了交流电动机的控制性能和应用灵活性，使其在现代工业自动化中发挥更重要的作用。

交流电动机凭借其结构简单、坚固耐用和维护方便的特点，在工业领域中得到了广泛应用。其在大功率和长时间运行场合中的卓越性能，使其成为风力发电、压缩机和泵等应用的理想选择。随着技术的不断进步，交流电动机在更多领域展现出强大的应用潜力，为工业自动化和智能化的发展提供了可靠的动力支持。

（三）伺服电动机

伺服电动机通过精确控制位置、速度和加速度，广泛应用于高精度运动控制领域。伺服系统由伺服电动机、传感器和控制器组成，通过反馈控制实现高精度的运动控制，常见于工业机器人、数控机床和自动化生产线中。

伺服电动机的核心优势在于其能够提供高度精确和快速响应的运动控制。这得益于伺服系统中使用的闭环控制原理。闭环控制系统实时监测电动机的位置、速度和加速度，通过传感器反馈这些信息给控制器。控制器根据预设的目标值与实际值之间的差异，调整电动机的运行参数，确保其按照预定轨迹和速度运行。这种高精度的控制方式，使得伺服电动机在要求严格精度和动态响应的应用中表现出色。

在工业机器人中，伺服电动机的应用尤为广泛。工业机器人需要在三维空间内进行复杂的运动操作，如焊接、组装、搬运等。伺服系统通过精确控制机器人各个关节的运动，使其能够完成高精度、高速度的任务。无论是汽车制造中的焊接机器人，还是电子产品装配中的精密组装机器人，伺服电动机的高性能控制都确保了机器人能够以极高的精度完成各种复杂操作，提高了生产效率和产品质量。

数控机床需要对刀具的位置和进给速度进行精确控制，以加工出复杂形状和高精度的零件。伺服电动机通过精确控制机床各轴的运动，实现对工件的高精度加工。伺服系统不仅提高了加工精度和一致性，还减少了人为干预和误差，显著提高了生产效率和产品质量。现代数控机床广泛应用于航空航天、汽车制造和模具加工等领域，依赖伺服电动机提供的高精度控制，能够生产出复杂且精密的零部件。

自动化生产线也大量采用伺服电动机来实现高效生产。在自动化生产线中，伺服电动机驱动各种传送带、机械臂和加工设备，实现物料的自动输送、装配和加工。通过伺服系统的精确控制，生产线能够在高速运行的同时保持各个工序的精确配合，提高了生产效率和产品质量。特别是在电子产品制造、食品包装和医药生产等行业，伺服电动机的应用使得生产过程更加高效、灵活和可靠。

伺服电动机的性能不断提高，也促进了相关技术的发展。现代伺服系统中广泛采用了数字信号处理器（DSP）和现场可编程门阵列（FPGA），实现了更复杂的控制算法和更快的响应速度。高精度编码器和位置传感器的应用，也进一步提高了伺服系统的控制精度和稳定性。

伺服电动机通过精确控制位置、速度和加速度，广泛应用于高精度运动控制领域。伺服系统通过闭环控制，实现了高精度和快速响应的运动控制，广泛应用于工业机器人、数控机床和自动化生产线等领域。随着技术的不断进步，伺服电动机将在更多领域发挥重要作用，推动工业自动化和智能制造的发展。

（四）步进电动机

步进电动机以固定步距进行旋转，适用于需要精确定位和控制的应用。步进电动机的工作原理是通过电子控制系统将电脉冲信号转换为角位移，即每接收到一个脉冲信号，电动机就旋转一个固定的角度（步距）。这一特性使得步进电动机能够以高精度控制旋转角度和位置，从而在许多需要精确定位的场合中得到广泛应用。

步进电动机的结构相对简单，主要由定子、转子和驱动电路组成。定子上装有多个电磁线圈，通过控制这些电磁线圈的通电顺序和时间，能够精确控制转子的旋转。由于没有电刷和换向器，步进电动机的结构更加耐用，维护成本较低。此外，步进电动机的控制系统也较为简单，只需通过驱动电路产生电脉冲，即可实现对电动机的精确控制。

步进电动机因其结构简单且成本低廉，广泛应用于各种自动化设备中。

在打印机中，步进电动机用于控制打印头和纸张的移动，确保每一行和每一列的打印位置精确无误。在数控机床中，步进电动机用于控制刀具的位置和移动路径，确保加工零件的精度和一致性。自动化装置在 3D 打印机、摄像头云台和小型输送系统中，也广泛使用步进电动机进行精确控制和定位。

由于步进电动机的旋转是通过逐步移动实现的，当需要快速连续的旋转时，步进电动机的响应速度较慢，容易出现失步现象，导致定位不准。此外，步进电动机的扭矩随着速度的增加而显著下降，在高负载应用中表现不佳。为了解决这些问题，通常需要对步进电动机进行精确的控制和优化，如使用细分驱动技术，将一个步距细分为多个更小的步距，从而提高步进电动机的分辨率和控制精度。

尽管存在一些性能上的限制，步进电动机在许多应用中仍然具有不可替代的优势。其成本低廉、控制简单、精度高的特点，使其在许多中小型自动化设备中得到了广泛应用。例如，在 3D 打印机中，步进电动机通过精确控制挤出机和打印床的位置，能够实现高精度的打印效果；在摄像头云台中，步进电动机通过精确控制摄像头的旋转角度，实现平稳的拍摄和跟踪。

步进电动机的应用不仅局限于工业和自动化设备，还广泛应用于消费电子和日常生活中。智能家居设备如电动窗帘、智能锁和自动门禁系统中，步进电动机通过精确控制开关位置，提高了设备的便利性和安全性。此外，步进电动机还应用于医疗设备，如注射泵和呼吸机中，通过精确控制药液和气体的输送量，从而提高医疗操作的精度和安全性。

步进电动机以固定步距进行旋转，适用于需要精确定位和控制的应用。尽管在高速度和高负载情况下性能较差，但其结构简单、成本低廉、控制精度高的特点，使其在打印机、数控机床、自动化装置以及消费电子和医疗设备等领域中得到了广泛应用。随着技术的不断进步，步进电动机的性能和应用范围将进一步扩展，为各行业的自动化和智能化发展提供更加可靠和经济的解决方案。

二、液压执行器

液压执行器利用液压系统中的液体压力驱动机械运动，适用于需要大力矩和高功率输出的应用。液压执行器包括液压缸和液压马达，通过液压泵提供的液压能，实现直线或旋转运动。

（一）液压缸

液压缸通过液体压力推动活塞杆，实现直线运动。其结构简单、输出力大、运动平稳，在工程机械、航空航天和重型设备等领域得到了广泛应用。液压缸的基本构造包括缸筒、活塞、活塞杆、密封件和端盖等。液压油在泵的驱动下通过管路进入缸筒，推动活塞和活塞杆做功，从而将液压能转化为机械能，实现直线运动。

液压缸的一个显著优势是能够产生巨大的推力和拉力。由于液压系统的压力可以达到几十兆帕，液压缸能够输出极大的力，适用于需要大力矩和高功率输出的场合。比如，在工程机械中，液压缸广泛用于挖掘机、推土机和装载机等设备上，通过控制液压油的流量和压力，液压缸能够精确地操控机械臂、铲斗等部件，实现复杂的挖掘、推土和装载作业。

液压系统的流量和压力可以通过阀门和泵的调节实现精确控制，从而使液压缸的运动速度和位移可以灵活调整。特别是在需要精确控制运动过程的应用中，液压缸表现出色。比如，在航空航天领域，液压缸被用于控制飞行器的起落架、襟翼和舵面等部件，确保飞行器在起飞、降落和飞行过程中能够实现平稳和精确地操作。

液压缸的结构相对简单，维护方便。液压缸的主要部件包括缸筒、活塞和密封件等，结构设计相对简单，使得其制造和维修成本较低。在使用过程中，只需定期更换密封件和液压油，维护工作较为简便。同时，液压缸的密封设计能够有效防止液压油泄漏，保证系统的可靠性和环保性。比如，在冶金机械中，液压缸用于轧钢机、液压剪切机和压力机等设备上，提供巨大的推力和精确的运动控制。在矿山机械中，液压缸用于矿石破碎机和液压支架等设备，确保设备在恶劣环境下能够稳定运行，提供强大的动力支持。

液压缸的应用不仅局限于传统的工业领域，在许多新兴领域中也展现出广阔的前景。在可再生能源领域，液压缸用于风力发电机的变桨系统，通过精确控制叶片角度，提高风能利用效率。在智能制造领域，液压缸用于高精度机床和自动化生产线，提供精确的运动控制和强大的动力输出。

液压缸通过液体压力推动活塞杆，实现直线运动，具有结构简单、输出力大、运动平稳等优点。其广泛应用于工程机械、航空航天和重型设备等领域，提供强大的动力和精确的控制。随着技术的不断进步，液压缸将在更多领域展现其独特优势，为工业自动化和智能制造的发展提供可靠的解决方案。

（二）液压马达

液压马达将液压能转换为机械能，实现旋转运动。其工作原理是通过液压油的压力推动内部机械部件，如齿轮、叶片或柱塞，从而产生旋转运动。液压马达的输出力大、调速范围广，适用于需要高转矩和高功率的应用，如钻井设备、起重机和液压传动系统等。

由于液压系统可以产生高达数十兆帕的压力，液压马达能够输出极大的转矩，非常适合重载和高功率的应用场合。例如，在钻井设备中，液压马达驱动钻头旋转，能够在极高的压力下稳定工作，确保钻井过程的高效进行。液压马达的高转矩输出使得其在面对坚硬岩层和复杂地质条件时仍能保持强大的钻进能力，提高了钻井效率和安全性。

通过调节液压油的流量和压力，液压马达的转速可以实现从零到最大速度的无级调速。这一特性使得液压马达在需要精确速度控制的应用中表现出色。例如，在起重机中，液压马达用于驱动卷扬机和旋转平台，通过精确控制转速，实现对重物的平稳提升和精确定位。无论是快速提高还是缓慢调整，液压马达都能够提供平稳且可控的动力输出，确保操作的安全和高效。

液压传动系统通过液压泵将机械能转化为液压能，再通过管路将液压能传递到液压马达，实现远程动力传输。液压马达在接收到液压油后，将液压能再次转化为机械能，驱动机械设备运转。由于液压传动系统具有的柔性传动特点，液压马达能够在复杂的工况下稳定运行，适用于各种工业设备和移动机械，如挖掘机、推土机和农业机械等。

液压马达的结构多样，主要包括齿轮液压马达、叶片液压马达和柱塞液压马达等。齿轮液压马达通过齿轮的啮合运动产生旋转，结构简单、耐用性强，适用于高转速和中等转矩的应用。叶片液压马达通过叶片的摆动产生旋转，具有较高的容积效率和良好的低速性能，适用于需要平稳运行的应用。柱塞液压马达通过柱塞的往复运动产生旋转，能够提供高转矩输出，适用于高功率和重载应用。

液压马达的应用不仅限于传统工业领域，在许多新兴领域也展现出广阔的前景。在可再生能源领域，液压马达用于风力发电机的变速控制系统，通过精确控制风轮转速，提高风能利用效率。在智能制造领域，液压马达用于高精度加工设备和自动化生产线，提供稳定的动力输出和精确的运动控制。

液压马达通过将液压能转换为机械能，实现旋转运动，具有输出力大、调速范围广等优点，适用于需要高转矩和高功率的应用场合。其在钻井设备、起重机和液压传动系统等领域发挥着重要作用，能够提供强大的动力和精确的控制。随着技术的不断进步，液压马达将在更多领域展现其独特优势，为工业自动化和智能制造的发展提供可靠的解决方案。

三、气动执行器

气动执行器利用压缩空气驱动机械运动，适用于需要快速响应和频繁操作的应用。气动执行器包括气缸和气动马达，通过气源提供的气压，实现直线或旋转运动。

（一）气缸

气缸通过压缩空气推动活塞，实现直线运动。其工作原理是将压缩空气引入气缸内，通过气压差推动活塞在缸筒内做直线往复运动，从而将气体压力转化为机械能。气缸的结构相对简单，主要由缸筒、活塞、活塞杆、密封件和端盖等组成。由于其反应速度快、结构简单、维护方便，气缸在自动化生产线、包装设备和食品加工等领域得到了广泛应用。

在现代工业自动化生产线中，许多工序需要快速、精确地直线运动，如产品的装配、搬运和定位等。气缸通过快速响应压缩空气的变化，实现高频率的直线运动，极大地提高了生产效率。例如，在电子产品装配线上，气缸用于驱动机械臂进行元器件的精准安装和焊接，确保每个工序都能高效完成。此外，气缸的应用还包括推动传送带上的物料转移、夹紧工件、调节生产线高度等，进一步提高了自动化生产线的灵活性和生产力。

包装设备需要对产品进行快速、精确地包装和封装操作，气缸通过控制压缩空气的进出，实现包装机械的精确动作。例如，在食品包装机中，气缸用于驱动封口机进行封口操作，确保包装袋的密封性和美观度。在瓶装饮料生产线上，气缸驱动机械手臂进行瓶盖的快速安装和旋紧，确保每个瓶盖都能牢固且精确地安装到位。

在食品加工过程中，许多操作需要快速、卫生和高效的机械运动。气缸通过压缩空气的驱动，能够提供平稳、无污染的动力源，符合食品加工的卫生要求。例如，在面包生产线上，气缸用于驱动切割机械对面团进行精确切割，确保每个面团的大小一致；在果蔬加工设备中，气缸用于驱动分拣和包装机械，实现对果蔬的快速分类和包装，提高了生产效率和产品质量。

气缸的应用不仅局限于自动化生产线、包装设备和食品加工，还广泛应用于其他工业领域，如纺织机械、印刷机械和医疗设备等。在纺织机械中，气缸用于驱动织布机的梭口开合和纱线夹持，确保织布过程的高效和稳定。在印刷机械中，气缸用于驱动印刷机的压印和送纸机构，能取得高质量的印刷效果。在医疗设备中，气缸用于驱动手术机械臂和病床调节机构，提供精确、安全的操作控制。

气缸的优点还包括维护方便和使用寿命长。由于其结构简单，没有复杂的传动机构，气缸的故障率低，维护工作主要集中在密封件的更换和润滑油的添加上。此外，气缸的耐用性强，能够在恶劣环境下长时间稳定工作，适用于各种工业环境和应用需求。

气缸通过压缩空气推动活塞，实现直线运动，具有结构简单、反应速度快、维护方便等优点。其广泛应用于自动化生产线、包装设备、食品加工和其他工业领域，提供高效、精准的机械运动解决方案。随着技术的不断进步，气缸将在更多领域展现其独特优势，为工业自动化和智能制造的发展提供可靠的动力支持。

（二）气动马达

气动马达将压缩空气的能量转换为机械能，实现旋转运动。其工作原理是通过压缩空气进入马达内部，推动内部的叶片、活塞或齿轮，从而产生旋转运动。气动马达具有结构紧凑、耐用性强、启动和停止迅速的特点，广泛应用于需要快速响应的自动化装置和工具驱动等领域。

与电动马达相比，气动马达的设计更加简单，没有复杂的电气组件，因此体积小、重量轻，适合在空间受限的场合使用。这使气动马达在自动化装置中得到了广泛应用。例如，在自动化生产线和装配线上，气动马达用于驱动各种机械手臂和传送装置，实现精确、快速的物料搬运和装配操作。由于其结构紧凑，气动马达可以方便地集成到复杂的机械系统中，从而提高系统的灵活性和效率。

气动马达的内部没有电刷和换向器等易磨损的部件，主要依靠压缩空气推动内部组件，因此磨损较小，使用寿命长。气动马达能够在恶劣的工作环境中稳定运行，如在高湿度、高粉尘和高温等条件下，这使得其在工业应用中非常可靠。例如，在矿山和建筑工地中，气动马达驱动的钻机和破碎锤能够在恶劣环境下长时间工作，减少维护和更换频率，提高生产效率。

由于压缩空气的高响应性，气动马达能够实现几乎瞬时的启动和停止，适用于需要频繁启停的应用场合。例如，在制造业中，气动马达用于驱动高速切割和钻孔设备，通过快速启停实现精确加工和生产。此外，在自动化装配线上，气动马达驱动的机械手能够快速抓取、移动和放置工件，提高装配速度和精度。

气动工具如气动扳手、气动钻和气动磨机等，其被广泛应用于汽车维修、建筑施工和机械制造等领域。气动工具由于气动马达的高扭矩输出和快速响应，能够提供强大的动力和高效的操作，同时重量轻、易于携带，提高了操作的便利性和舒适性。

在医疗设备中，气动马达用于驱动手术器械和病床调节装置，提供平稳、精确的控制，确保医疗操作的安全和有效。在实验室仪器中，气动马达用于驱动离心机和搅拌器等设备，通过精确控制转速和转矩，实现高效的实验操作和分析。

气动马达通过将压缩空气的能量转换为机械能，实现旋转运动，具有结构紧凑、耐用性强、启动和停止迅速等优点。其被广泛应用于自动化装置、工具驱动、医疗设备和实验室仪器等领域，并提供高效、可靠的动力解决方案。随着技术的不断进步，气动马达将在更多领域展现其独特优势，为工业自动化和智能制造的发展提供可靠的动力支持。

执行机构是机电一体化技术的关键组成部分，其性能直接影响系统的效率、精度和可靠性。随着技术的不断进步，执行机构将在更多领域发挥重要作用，推动机电一体化技术向更高效、更智能的方向发展。

第三章　设计与制造

机电一体化技术的设计与制造是推动现代工业革命的重要力量，其发展主要体现在设计理念的演变、制造技术的进步以及集成系统设计的不断创新上。设计理念从传统机械设计逐步转变为现代机电一体化设计，强调系统集成、功能优化和智能控制，以提高整体性能和效率。制造技术的进步，如精密制造和增材制造技术的应用，显著提高了设备的精度、性能和可靠性，同时满足了多样化的生产需求。集成系统设计作为核心环节，通过各子系统和组件的有机结合，实现功能互补、资源优化和性能提高，打造出高效、智能的机电一体化系统。本章将详细探讨这三个关键方面，帮助读者全面了解机电一体化技术的设计与制造过程及其对现代工业发展的深远影响。

设计理念的演变

机电一体化技术的现代设计理念经历了从传统机械设计到现代系统集成的巨大转变。这个演变过程不仅体现了技术手段的进步，也反映了设计思维的深化和拓展。

一、从单一机械设计到多学科融合

（一）早期机械设计的局限性

在机电一体化技术发展的早期，机械设计主要集中在单一机械系统的功能和性能上。设计师的主要任务是确保机械部件的强度、耐用性和加工工艺。这种设计方式虽然在一定程度上保证了机械系统的可靠性和稳定性，但也存在明显的局限性。首先，单一的机械设计无法应对复杂多变的工况和任务需求。机械系统的操作效率和灵活性较低，难以满足现代工业生产的高效和高精度要求。其次，机械系统的控制方式较为简单，通常依赖人为操作和机械开关，缺乏自动化和智能化控制手段，导致系统运行效率低下且容易出现人为错误。

（二）多学科融合的必要性

随着电气工程、控制工程和计算机科学的快速发展，单一的机械设计已无法满足复杂系统的需求。现代机电一体化设计理念强调多学科的融合，其将机械设计、电气设计、控制设计和软件设计紧密结合，形成一个有机的整体。多学科融合不仅提高了系统的综合性能，还提高了系统的智能化和自动化水平。

1. 机械设计与电气设计的结合

电气设计引入了电动机、传感器和执行机构，使机械系统能够更精确地控制运动和力量。通过电气设计，机械系统能够实现更复杂的功能，例如，变速、定位和反馈控制，从而提高了系统的灵活性和响应速度。数控机床中的伺服电机和编码器通过电气控制，实现了高精度的加工操作。

2. 控制工程的引入

控制工程的引入使得机械系统能够实现自动化控制。通过使用控制器（如PLC、DCS等）和控制算法（如PID控制、模糊控制等），系统能够根据传感器的反馈信息自动调整运行参数，保持最佳工作状态。控制工程的应用不仅提高了系统的稳定性和精度，还减少了人为的干预和误差。

3. 计算机科学的整合

计算机科学的发展使得机电一体化系统能够处理更复杂的计算和数据分析任务。通过使用计算机软件（如CAD、CAE、CAM等），设计师能够进行更精细的设计和仿真，优化系统性能。计算机科学还引入了人工智能和大数据分析，使得系统能够进行自我学习和优化，从而提高了系统的智能化水平。在机器人技术中，计算机视觉和机器学习算法的应用，使机器人能够自主感知环境、规划路径和执行任务。

（三）多学科融合的优势

多学科融合带来了显著的优势，提高了系统的综合性能和智能化水平。

1. 提高系统性能

多学科融合使得系统各部分能够协调工作，发挥各自优势，提高了整体性能。在自动化生产线上，机械系统的精密加工能力、电气系统的精确控制能力和计算机系统的智能管理能力相结合，使得生产过程更加高效和稳定。

2．增强系统智能化

通过引入传感器、控制器和计算机软件，系统能够实现自动感知、自主决策和自动执行。智能化系统不仅提高了生产效率，还能够适应复杂多变的工作环境，减少人为干预和错误。

3．提高系统灵活性

多学科融合使得系统能够根据不同的需求进行灵活调整和配置。通过软件更新和控制参数调整，系统能够适应不同的生产任务和工艺要求，提高了系统的适应性和灵活性。

（四）多学科融合的应用实例

学科融合在多个领域得到了广泛应用。

1．工业自动化

在工业自动化中，多学科融合的应用非常普遍。自动化生产线、数控机床和工业机器人都依赖机械、电气、控制和软件的紧密结合，从而实现高效、精确的生产和操作。

2．汽车制造

现代汽车制造过程中，多学科融合使得生产线更加智能化和自动化。机械设计的精密加工能力、电气系统的精确控制、控制工程的自动化调节和计算机系统的智能管理相结合，使得汽车制造过程更加高效和可靠。

3．医疗设备

在医疗设备中，多学科融合使得设备能够实现更高的精度和智能化。机械设计提供了精密的机械结构，电气系统实现了精确的控制和操作，控制工程和计算机科学的结合使得设备能够进行自动化诊断和治疗，提高了医疗服务的质量和效率。

（五）未来发展趋势

随着技术的不断进步，多学科融合的趋势将进一步加深。未来，更多的先进技术（如物联网、5G通信、量子计算等）将被引入机电一体化设计中，使系统更加智能、高效和可靠。同时，多学科融合将推动新的设计方法和工具的发展，提高设计效率和创新能力，为工业自动化和智能制造的发展提供更强大的动力。

从单一机械设计到多学科融合的演变，不仅提高了机电一体化系统的综合性能和智能化水平，还为未来技术的发展和应用开辟了新的路径。这一设计理念的演变，为现代工业生产和制造带来了革命性的变化，使得机电一体化技术在各个领域中发挥着越来越重要的作用。

二、系统集成与优化

（一）系统集成的概念与重要性

现代机电一体化设计理念高度重视系统的集成与优化。系统集成不仅是各个部件的物理连接，更涉及功能和性能的深度协调。通过系统集成，不同的子系统能够互相协作，实现功能互补和资源共享，从而提高整体系统的性能和效率。系统集成的核心在于将机械、电气、控制和软件等不同领域的技术有机结合，形成一个统一、协调的整体。

（二）系统集成的实践

在工业机器人系统中，系统集成的应用尤为显著。工业机器人需要在复杂的工作环境中完成精确且复杂的操作任务，这要求其机械结构、电机驱动、传感器和控制算法高度集成。机械结构提供了机器人臂的物理支撑和运动机构，电机驱动系统负责驱动关节的旋转和移动，传感器实时监测机器人的位置、速度和外部环境，而控制算法则通过处理传感器数据实时调整电机输出，实现精确控制。各个子系统之间的高度集成，使得机器人能够高效、精确地完成装配、焊接、搬运等复杂任务，提高了生产效率和产品质量。

（三）系统优化的必要性

系统集成完成后，系统优化是确保各个组件在最佳状态下运行的关键步骤。系统优化涉及对设计、制造、调试等各个环节的精细化管理和调整，旨在提高系统的效率和可靠性。

1. 设计优化

设计优化是系统优化的第一步。通过计算机辅助设计和计算机辅助工程（CAE），设计师可以在虚拟环境中测试和优化系统的设计方案。通过有限元分析，可以优化机械结构的强度和刚度设计，确保在工作过程中不发生变形或破坏；通过动态仿真，可以优化电机和控制算法的匹配，确保系统在运行过程中能够实现平稳和高效的运动。

2. 制造优化

制造优化涉及对制造过程的精细控制和改进。通过精密加工和高精度装配技术，可以确保各个部件的加工精度和装配质量，从而提高系统的整体精度和可靠性。同时，通过优化制造工艺和流程，减少制造过程中的浪费和不必要的成本，从而提高生产效率和经济效益。

3. 调试优化

调试优化是系统优化的重要环节。通过对系统进行全面的测试和调试，可以发现和解决在设计与制造过程中存在的问题。通过对工业机器人的运动控制系统进行调试，可以优化控制参数，提高机器人运动的平稳性和精度；通过对传感器和控制算法的调试，可以提高系统的响应速度和抗干扰能力，确保系统在复杂环境中的稳定运行。

（四）系统集成与优化的案例

在自动化生产线中，系统集成与优化的作用尤为明显。自动化生产线通常由多个子系统组成，包括传送带、机械手、检测系统和控制系统等。通过系统集成，各个子系统能够协调工作，实现从原材料到成品的自动化生产。传送带系统负责物料的输送，机械手负责物料的抓取和放置，检测系统负责质量检测，控制系统负责整体协调和控制。各个子系统的高度集成和优化，使得生产线能够高效运行，提高了生产效率和产品质量。

系统优化在智能制造中也发挥着重要作用。智能制造系统通过集成物联网、大数据和人工智能技术，实现对生产过程的全面监控和优化。通过物联网技术，能够实时监控生产设备的运行状态和工艺参数；通过大数据分析，可以优化生产计划和工艺流程，提高生产效率和质量；通过人工智能技术，可以实现自适应控制和故障预测，提高系统的智能化水平和可靠性。

（五）未来发展趋势

随着技术的不断进步，系统集成与优化将进一步向智能化和自主化方向发展。未来，更多的先进技术（如5G通信、云计算、区块链等）将被引入系统集成与优化中，使系统更加智能、高效和可靠。同时，系统集成与优化的应用范围将进一步扩大，从传统工业领域扩展到智慧城市、智能交通、智能家居等新兴领域，为社会的全面智能化和可持续发展提供强大的技术支持。

现代机电一体化设计理念中的系统集成与优化，不仅是各个部件的物理连接，更是功能和性能的深度协调。通过系统集成，各个子系统可以互相协作，实现功能互补和资源共享。通过系统优化，可以确保各个组件在最佳状态下运行，提高系统的效率和可靠性。这一设计理念的实施，为现代工业生产和智能制造的发展提供了强大的动力和广阔的前景。

三、模块化与标准化设计

（一）模块化设计的概念与重要性

模块化设计是将复杂系统分解为若干独立的功能模块，每个模块可以单独设计、制造和测试，然后通过标准接口进行组装。模块化设计的核心思想是将系统设计简化为多个相对独立的模块，每个模块专注于特定的功能或任务，这样不仅简化了设计和制造过程，还提高了系统的灵活性和可扩展性。

（二）标准化设计的概念与重要性

标准化设计是通过制定统一的设计规范和接口标准，确保不同模块和系统之间的兼容性和互换性。标准化设计在机电一体化系统中发挥着重要作用，通过统一的标准，使不同厂商和不同系统之间的组件可以互换和兼容，促进产业链的协同发展和技术创新。

（三）模块化与标准化设计的应用实例

模块化与标准化设计在多个领域得到了广泛应用。

1. 自动化生产线

在自动化生产线中，模块化和标准化设计使得生产线的设计、制造和维护更加高效。通过模块化设计，生产线可以根据不同的产品和工艺需求灵活配置和调整。标准化接口使得不同厂商的设备可以互换和兼容，提高了生产线的灵活性和适应性。

2. 机器人系统

在机器人系统中，模块化设计使得机械臂、控制器、传感器和执行器可以独立设计和制造，然后通过标准接口进行组装。标准化设计使不同厂商的机器人组件可以兼容和互换，提高了机器人系统的灵活性和可扩展性。

3. 汽车制造

在汽车制造中，模块化和标准化设计使得汽车的设计、制造和维护更加高效。通过模块化设计，汽车的发动机、变速器、悬挂系统等可以独立设计和制造，然后通过标准接口进行组装。标准化接口使得不同型号和品牌的汽车部件可以互换和兼容，从而提高汽车制造的效率和质量。

（四）未来发展趋势

随着技术的不断进步，模块化和标准化设计将进一步向智能化和网络化方向发展。未来，更多的智能模块和标准化接口将被引入机电一体化系统中，使系统更加智能、高效和可靠。同时，模块化和标准化设计的应用范围将进一步扩大，从传统工业领域扩展到智慧城市、智能交通、智能家居等新兴领域，为社会的全面智能化和可持续发展提供强大的技术支持。

模块化和标准化设计是现代机电一体化设计的重要趋势，通过模块化设计，将复杂系统分解为若干独立的功能模块，提高系统的设计、制造和维护效率；通过标准化设计，制定统一的设计规范和接口标准，确保不同模块和系统之间的兼容性和互换性，促进产业链的协同发展和技术创新。这一设计理念的实施，为现代工业生产和智能制造的发展提供了强大的动力和广阔的前景。

四、数字化与虚拟仿真

（一）数字化设计工具的应用

数字化设计工具是现代机电一体化设计的基础，通过计算机辅助设计（CAD）和计算机辅助工程（CAE）软件，设计师能够在虚拟环境中高效、精确地创建和测试设计方案。

1. 计算机辅助设计（CAD）

CAD软件允许设计师在三维空间中构建详细的模型，进行零部件和系统的设计。CAD不仅提高了设计的可视化程度，还使复杂结构的设计和修改变得更加便捷。在机械设计中，设计师可以通过CAD软件创建详细的机械部件模型，进行干涉检查和运动仿真，确保设计的合理性和可行性。

2. 计算机辅助工程（CAE）

CAE软件用于分析和优化设计，通过有限元分析（FEA）、计算流体动力学（CFD）等技术，设计师可以在虚拟环境中模拟系统的性能。CAE软件帮助设计师预测和评估设计在不同工况下的行为和性能，例如，应力分布、振动特性、热传导等，从而优化设计，避免潜在问题，提高产品质量和可靠性。

（二）虚拟仿真技术的应用

虚拟仿真技术是现代机电一体化设计中的重要手段，它允许设计师在真实系统制造之前，对系统进行全面的性能验证和优化。

1. 虚拟样机

通过虚拟样机技术，设计师可以在虚拟环境中构建和测试完整的系统模型。这种技术使得设计师能够在早期设计阶段发现和解决问题，减少实际样机的制作次数，缩短开发周期，降低成本。在汽车设计中，虚拟样机技术可用于模拟车辆的动力学性能和碰撞行为，优化结构设计，提高安全性和性能。

2. 多学科仿真

多学科仿真技术集成了机械、电气、控制和软件等多个领域的仿真工具，允许设计师进行系统级的性能分析和优化。在航空航天领域，多学科仿真技术可以用于模拟飞行器的气动性能、结构强度和控制系统行为，确保各个子系统的协调工作，提高整体性能和可靠性。

3. 虚拟调试

虚拟调试技术允许设计师在虚拟环境中对控制系统进行调试和验证。在工业自动化中，通过虚拟调试技术，设计师可以在实际设备安装之前，验证PLC程序和控制逻辑，确保系统运行的稳定性和安全性。这种方法不仅提高了调试效率，还减少了调试过程中的风险和成本。

（三）数字孪生技术的引入

数字孪生技术是数字化和虚拟仿真的高级应用，它通过创建与物理实体相对应的虚拟模型，实现设计、制造和维护过程的无缝连接。

1. 设计阶段

在设计阶段，数字孪生技术使得设计师能够实时获取和分析物理实体的性能数据，优化设计方案。通过传感器和数据采集系统，实时监控机械部件的工作状态和环境条件，将数据反馈到虚拟模型中进行分析和优化，确保设计的精确性和适应性。

2. 制造阶段

在制造阶段，数字孪生技术通过实时监控和反馈制造过程的数据，实现制造过程的智能控制和优化。在数控机床加工过程中，数字孪生技术可以实时监控加工参数和工件状态，调整加工工艺，提高加工精度和效率，减少废品率。

3．维护阶段

在维护阶段，数字孪生技术使得维护过程更加智能和高效。通过实时监控设备的运行状态和历史数据，数字孪生技术可以预测设备的故障和性能衰减，提供预防性维护方案，延长设备寿命，减少停机时间和维护成本。在风力发电设备中，数字孪生技术可以实时监控风机的运行状态和环境条件，预测故障风险，优化维护计划，提高设备的可靠性和运行效率。

（四）数字化和虚拟仿真的优势

数字化和虚拟仿真技术在现代机电一体化设计中具有显著的优势，其优势主要表现在以下几个方面。

1．提高设计效率和精度

数字化设计工具和虚拟仿真技术使得设计过程更加高效和精确，设计师可以在虚拟环境中快速创建、修改和优化设计方案，提高设计质量和效率。

2．减少设计周期和成本

通过虚拟样机和多学科仿真技术，设计师可以在早期设计阶段发现和解决问题，减少实际样机的制作次数，缩短开发周期，降低开发成本。

3．提高系统智能化水平

数字孪生技术通过实时监控和反馈，实现设计、制造和维护过程的无缝连接，提高系统的智能化水平和运行效率。

（五）未来发展趋势

技术在不断进步，数字化和虚拟仿真技术将进一步向智能化和网络化方向发展。未来，更多的先进技术（如人工智能、物联网、5G 通信等）将被引入数字化和虚拟仿真中，使系统更加智能、高效和可靠。同时，数字化和虚拟仿真技术的应用范围将进一步扩大，从传统工业领域扩展到智慧城市、智能交通、智能家居等新兴领域，为社会的全面智能化和可持续发展提供强大的技术支持。

数字化和虚拟仿真技术在现代机电一体化设计中发挥着重要作用，通过数字化设计工具和虚拟仿真技术，设计师能够在虚拟环境中高效、精确地创建和测试设计方案，提高设计效率和精度；通过数字孪生技术，实现设计、制造和维护过程的无缝连接，进一步提高系统的智能化水平。这些技术的应用，为现代工业生产和智能制造的发展提供了强大的动力和广阔的前景。

制造技术的进步

机电一体化技术的制造技术进步是推动现代工业发展的因素之一。随着科技的快速发展，制造技术在精度、效率和智能化水平上取得了显著进步。这些进步不仅提高了产品的质量和性能，还大幅度降低了生产成本和时间，为机电一体化技术的广泛应用提供了强有力的支撑。

一、精密制造技术

精密制造技术是现代机电一体化系统生产的基础。它包括一系列高精度、高效率的加工方法，如数控机床（CNC）、电火花加工（EDM）、激光加工和超精密加工技术。

（一）数控机床（CNC）

数控机床（CNC）技术通过计算机控制，实现了复杂形状和高精度的加工操作，大大提高了制造业的加工精度和效率，减少了人为误差和废品率。CNC机床在航空航天和汽车制造等领域中广泛应用，确保发动机零部件和精密结构件的一致性和可靠性。CNC机床在航空航天领域加工高强度材料的涡轮叶片和燃烧室，在汽车制造中，加工高精度的发动机缸体和缸盖，显著提高了产品性能和安全性。CNC技术的自动化和高效特点显著提高了生产效率，推动了制造工艺的创新，如多轴联动和与增材制造结合，形成更加灵活和智能的制造系统。通过优化刀具路径和切削参数，CNC机床还能减少材料浪费和能源消耗，降低生产成本。CNC技术在现代制造业中发挥了重要作用，推动了制造工艺的进步和产品质量的提升。

（二）电火花加工（EDM）

电火花加工（EDM）是一种利用电火花腐蚀效应对金属材料进行加工的方法，其独特的加工原理使其在现代制造业中占据重要地位。EDM通过在工件和电极之间产生高频放电，利用放电时产生的高温使金属材料熔化并汽化，达到去除材料的目的。这一加工方法特别适用于高硬度、复杂形状和微细结构的零件加工，因其不受材料硬度的限制，可以加工传统机械加工难以处理的材料和结构。

1. 原理和特点

EDM 加工的核心在于其利用电火花腐蚀效应的原理。在加工过程中，工件和电极分别连接电源的正负极，并在两者之间充满绝缘液（如煤油或去离子水）。当电极接近工件时，在两者之间形成一个微小的放电间隙。电源施加高电压，在间隙中产生放电。放电时，局部区域的温度瞬间升高至 10000 ℃左右，使得金属材料局部熔化甚至汽化。熔化的材料在绝缘液的冷却作用下迅速凝固并被冲走，从而形成加工形状。

EDM 的特点在于其对材料硬度的独立性。传统机械加工需要刀具硬度高于工件，而 EDM 则无须考虑这一点，因为加工原理不依赖机械力。无论是硬质合金、淬火钢，还是钛合金、镍基合金等难加工材料，EDM 都能轻松处理。此外，EDM 能实现高精度和高表面质量的加工，放电过程的精细控制使得加工精度可达到微米级，表面粗糙度也能得到有效控制。

2. 应用领域

EDM 广泛应用于模具制造和高精度零件加工中。在模具制造中，EDM 用于加工复杂的模具型腔和模具芯，特别是那些需要高精度和复杂形状的模具。塑料模具、压铸模具和粉末冶金模具等常常利用 EDM 技术加工复杂的型腔结构和微细花纹，以确保模具的成型精度和使用寿命。

在高精度零件加工中，EDM 的应用也十分广泛。航空航天、医疗器械和电子工业等领域，需要加工高精度的零件和微细结构。例如，涡轮叶片、燃烧室、微型齿轮和复杂通道等，这些零件的形状复杂、精度要求高，传统机械加工难以实现。EDM 凭借其精细加工能力和对材料的广泛适应性，能够有效满足这些需求。在航空航天领域，涡轮叶片和燃烧室的加工需要高精度和高表面质量，EDM 能够实现精细的叶片形状和复杂的内部结构，加工精度达到微米级。

（三）激光加工

激光加工技术包括激光切割、激光打标和激光焊接等，因其高精度、高速度和非接触加工的优点，其被广泛应用于电子、汽车和医疗器械等领域。激光加工利用高能量密度的激光束照射工件，通过激光与材料的相互作用，使材料发生熔化、气化或光化学反应，从而达到切割、打标或焊接的目的。

1. 激光切割

激光切割是一种通过聚焦的高功率激光束切割材料的方法，具有切口窄、精度高、速度快和适用材料广泛的优点，因此，在多个行业中得到了广泛应用。通过聚焦的激光束，可以实现对材料的高精度切割和复杂形状的加工，这种技术在提高生产效率、减少材料浪费和降低加工成本方面展现了巨大优势。

在电子行业中，激光切割技术被广泛应用于制造精密的电路板和微电子元件。电子产品对精度和质量的要求极高，激光切割能够实现微米级的精确切割，确保电路板和元件的高精度和高质量。例如，在印刷电路板（PCB）制造中，激光切割技术用于切割电路板上的导线和元件连接点，确保电路的准确性和可靠性。此外，激光切割还用于微电子元件的封装和集成，能够实现高密度和高精度的元件排列，满足现代电子产品的小型化和高性能需求。

在汽车制造中，激光切割技术同样发挥了重要作用。汽车零部件的形状复杂，尺寸精度要求高，激光切割能够高效、精确地加工各种复杂的汽车零部件，如车身面板、底盘部件和排气系统部件。激光切割技术不仅提高了零部件的加工质量，也大大缩短了生产周期。例如，车身面板的激光切割能够实现无接触加工，避免了传统切割方法导致的材料变形和损伤，从而保证了车身的平整度和美观性。此外，激光切割技术还应用于汽车排气系统的加工，通过高精度的切割和焊接，确保排气系统的气密性和耐久性。

激光切割技术在航空航天、船舶制造和建筑装饰等领域也有着广泛应用。在航空航天领域，激光切割用于加工飞机结构件、发动机零部件和航空电子设备外壳等，要求高强度和轻量化的材料，如钛合金、铝合金和复合材料。激光切割能够实现高精度的切割和复杂形状的加工，满足航空航天领域对零部件的严格要求。在船舶制造中，激光切割用于船体结构件和内饰件的加工，能够快速、高效地切割大尺寸金属板材，减少材料浪费，提高生产效率。在建筑装饰领域，激光切割技术被用于加工各种装饰材料，如金属板、玻璃和陶瓷，通过精细地切割和雕刻，创造出复杂的装饰图案和艺术效果，为建筑装饰提供高质量的解决方案。

传统切割方法如机械切割和水刀切割，通常会产生较多的废料和加工损耗，而激光切割通过精确的聚焦和高效的能量利用，能够最大限度地减少材料的浪费。此外，激光切割是非接触加工方法，不会对材料施加机械应力，避免了传统切割方法导致的材料变形和损伤，从而降低了后续加工和修复的成本。

激光切割作为一种先进的加工技术，通过其独特的优点，在多个行业中得到了广泛应用。其高精度、高效率和广泛的适用材料，使其成为现代制造业中不可或缺的重要工具。通过不断的技术创新和应用拓展，激光切割将继续推动各行业的生产工艺改进和产品质量提高，为制造业的可持续发展作出重要贡献。

2. 激光打标

激光打标是利用高能量密度的激光在材料表面进行标记的技术。它具有高对比度、耐磨损、永久性和高速的特点，因此被广泛应用于各类产品的标识、编码和装饰。激光打标技术通过精确的激光束在材料表面形成永久性的标记，不仅保证了标记的清晰度和持久性，还具备防伪和可追溯的功能，这使得它在多个行业中得到广泛应用。

在电子产品中，激光打标技术被广泛应用于电路板、芯片和连接器等部件上。电子产品对精度和可靠性要求极高，激光打标能够在这些微小而复杂的部件上标记型号、规格和生产日期等信息，确保产品的可追溯性和防伪性。例如，在电路板上，激光打标可以清晰地标记出各类元件的位置和编号，便于后续的组装和维修工作。此外，激光打标在芯片和连接器上的应用，也确保了这些关键部件在生产和使用过程中的追溯能力，提高了整个电子产品的质量控制水平。

在汽车制造中，激光打标技术用于发动机、变速器和车身部件上标记序列号和生产信息。这些信息对于汽车零部件的质量控制和追溯管理至关重要。通过在发动机和变速器等核心部件上进行激光打标，制造商可以追踪每个零部件的生产批次和具体参数，确保在出现质量问题时能够迅速定位问题源头并采取相应措施。激光打标的永久性和耐磨损性，保证了这些标记在整个汽车生命周期内都能保持清晰和可读，从而有效提高了汽车零部件的可追溯性和质量管理水平。

在医疗器械领域，激光打标技术被用于外科手术器械、植入物和医疗设备上，标记规格和批次信息，确保产品的安全性和可追溯性。医疗器械对安全和质量要求极高，任何细微的差错都对患者造成严重影响。激光打标的高精度和永久性，使得每个医疗器械都能清晰地显示出其生产信息，便于医院和医生进行追踪和管理。例如，在手术器械上标记其规格和使用指示，确保医生在手术过程中能够正确使用器械，提高手术的安全性和成功率。在植入物上标记批次信息，便于在出现问题时能够追溯到具体的生产批次，并采取有效的召回措施。

激光打标还广泛应用于钟表、珠宝、包装和工艺品等领域，为这些产品提供精美的标识和装饰。对于钟表和珠宝等高档消费品，激光打标不仅能够标记品牌和型号信息，还可以进行精美的图案和文字雕刻，提升产品的美观性和独特性。在包装行业，激光打标用于标记生产日期、批号和条形码等信息，便于产品的追溯和管理。工艺品领域，激光打标可以进行复杂的图案和文字雕刻，为工艺品增添独特的艺术价值。

激光打标技术通过其高对比度、耐磨损、永久性和高速的特点，在多个行业中得到了广泛应用。它不仅提高了产品的可追溯性和防伪性，还为产品提供了精美的标识和装饰。无论是在电子产品、汽车制造、医疗器械，还是在钟表、珠宝、包装和工艺品领域，激光打标技术都发挥了重要作用，为各类产品的生产和管理提供了高效可靠的解决方案。技术在不断进步，激光打标将继续在更多领域展现其独特的优势和广泛的应用前景。

3. 激光焊接

激光焊接是一种利用高能量密度激光束进行焊接的技术。激光焊接具有焊缝窄、深宽比大、热影响区小和焊接速度快等优点，被广泛应用于高精度和高强度的焊接场合。在汽车制造中，激光焊接用于车身的焊接，确保焊接的强度和精度，提高了车身的整体质量。激光焊接技术在车门、顶盖和底盘等部件的焊接中发挥了重要作用，通过精确控制焊接参数，实现高质量的焊接接头，增强了车身的结构强度和安全性。在电子行业中，激光焊接用于制造高精度的电子元件和封装，确保其电气性能和可靠性。激光焊接用于连接电路板上的微小元件和导线，实现高密度集成和微小化设计。在医疗器械中，激光焊接用于制造精密的手术器械和植入物，确保其生物相容性和机械强度。激光焊接用于制造心脏支架和人工关节，通过精细的焊接工艺，确保其高强度和高可靠性。

4. 应用实例与效果

在汽车制造中，激光焊接技术被广泛应用于车身焊接，显著提高了车身的质量和安全性。传统的车身焊接方法，如点焊和电阻焊，容易在焊接过程中产生较大的热影响区，导致材料性能下降和变形。激光焊接通过聚焦的激光束进行焊接，热影响区小，焊缝窄，焊接质量高。激光焊接技术在汽车车顶和车门的焊接中，能够实现连续焊接，增强了车身的结构强度和抗冲击性能。此外，激光焊接的高精度和高速度，使得生产效率大幅提高，降低了生产成本。

在医疗器械中，激光加工技术用于制造高精度和高质量的医疗器械和植入物。激光切割技术用于制造复杂形状的外科手术刀片和微创手术器械，确保其高精度和高锋利度。激光打标技术用于在医疗器械上标记批次号和规格信息，提高了产品的可追溯性和安全性。激光焊接技术用于制造心脏支架和人工关节，通过精密焊接，确保其高强度和生物相容性，提高了患者的安全性和使用寿命。

激光加工技术在电子、汽车和医疗器械等领域中具有广泛的应用，凭借其高精度、高速度和非接触加工等优点，提高了产品的质量和生产效率。随着技术的不断进步，激光加工将在更多领域展现其独特优势，为现代制造业的发展提供强有力的支持。

（四）超精密加工

超精密加工技术包括超精密车削、磨削和抛光等，能够实现纳米级精度和超光滑表面。这些技术是现代高精度制造领域的重要手段，被广泛应用于光学仪器、半导体制造和微机电系统等领域。超精密加工技术的核心在于其能够在极高的精度下进行材料去除和表面处理，满足苛刻的精度要求和表面质量标准。

1. 超精密车削

超精密车削是一种通过高精度车床和超硬刀具对材料进行高精度切削的加工方法。该技术主要用于加工高精度旋转对称零件，如光学透镜、镜头和精密轴承等。超精密车削采用金刚石刀具，通过精确控制切削参数，实现纳米级表面粗糙度和微米级形状精度。在光学仪器制造中，超精密车削用于加工高精度光学透镜，确保透镜表面的光滑度和形状精度，提高光学系统的成像质量和性能。

2. 超精密磨削

超精密磨削是一种通过超硬磨料和高精度磨削设备对材料表面进行微量去除的加工方法。该技术能够实现极高的表面精度和极低的表面粗糙度，广泛应用于制造高精度平面和复杂曲面零件。在半导体制造中，超精密磨削用于硅片的研磨和平整处理，确保硅片表面的平坦度和光洁度，为后续的光刻和蚀刻工艺提供高质量的基材。此外，在微机电系统中，超精密磨削用于制造微小机械元件，确保其精度和功能。

3. 超精密抛光

超精密抛光是一种通过抛光液和抛光垫对材料表面进行微量去除和光滑处理的加工方法。该技术能够实现极低的表面粗糙度和高光洁度，被广泛应用于制造高光洁度和高反射率的零件。在光学仪器制造中，超精密抛光用于加工高精度光学镜片和反射镜，确保其表面的光滑度和反射率，提高光学系统的成像质量和性能。在半导体制造中，超精密抛光用于硅片和其他基材的抛光处理，确保表面的平整度和光洁度，满足高精度制造的需求。

4. 应用领域

超精密加工技术在光学仪器、半导体制造和微机电系统等领域得到了广泛应用。

（1）光学仪器

在光学仪器制造中，超精密加工技术用于制造高精度光学镜片和反射镜。天文望远镜、显微镜和高精度摄像镜头等光学系统对镜片和反射镜的精度和光洁度要求极高。通过超精密车削和抛光技术，能够实现纳米级表面粗糙度和微米级形状精度，确保光学系统的成像质量和性能。

（2）半导体制造

在半导体制造中，超精密加工技术用于硅片的研磨和平整处理。硅片的平坦度和光洁度直接影响后续光刻和蚀刻工艺的精度和效果。通过超精密磨削和抛光技术，能够实现极高的表面平整度和光洁度，确保半导体器件的高性能和高可靠性。

（3）微机电系统

在微机电系统制造中，超精密加工技术用于制造微小机械元件和结构。微机电系统传感器、执行器和微流控装置等需要极高的精度和表面质量。通过超精密车削、磨削和抛光技术，能够制造出具有极高精度和光洁度的微小元件，确保其功能和性能。

二、增材制造技术

增材制造技术（3D打印技术）是近年来发展迅速的一项先进制造技术。通过逐层堆积材料，增材制造技术能够快速制造复杂形状的零部件，具有材料利用率高、生产周期短和灵活性强等优点。

（一）3D打印材料

3D打印技术，亦称增材制造技术，因其独特的逐层堆积成形原理，被能够创造出传统制造方法难以实现的复杂结构。随着材料科学的进步，3D 打印材料的种类不断扩大，从早期的塑料、金属，到现在的陶瓷和生物材料，满足了不同行业的多样化需求。

1. 早期的 3D 打印材料

早期的 3D 打印技术主要使用塑料材料，如聚乳酸（PLA）、ABS 塑料等。这些材料由于其成本低廉、易于加工、成型稳定，被广泛应用于原型制造、产品设计和教育等领域。例如，PLA 因其环保和生物可降解特性，成为教育和家庭使用的理想材料。ABS 塑料则因其耐冲击性和韧性，被广泛应用于功能性原型和工业零件的制造。然而，这些塑料材料的机械性能和热性能有限，无法满足对强度和耐热性有更高要求的应用。

2. 金属 3D 打印材料

随着技术的进步，金属材料的 3D 打印成为现实。金属 3D 打印通常采用选择性激光熔化（SLM）或电子束熔化（EBM）技术，能够加工高强度和高耐热性的金属零部件，如钛合金、铝合金、不锈钢等。在航空航天领域，3D 打印金属结构件的应用尤为显著。传统制造方法难以加工的复杂几何结构，如中空叶片和轻量化支架，则可以通过 3D 打印得以实现。钛合金由于其高强度、低密度和良好的耐腐蚀性，被广泛应用于制造飞机和火箭的结构部件。通过 3D 打印技术，这些部件不仅能够减轻重量，还能优化设计，提高燃油效率和飞行性能。例如，波音和空客等公司已经在飞机上使用 3D 打印的钛合金零件，大幅减轻了飞机重量，提升了燃油经济性。

3. 陶瓷和生物材料

陶瓷材料以其优异的耐高温、耐腐蚀和电绝缘性能，在 3D 打印中也得到了应用。陶瓷 3D 打印技术主要包括立体光刻（SLA）和喷射打印（Binder Jetting），被广泛应用于航空航天、电子和医疗领域。耐高温陶瓷用于制造火箭发动机喷嘴和耐热防护罩；电子陶瓷则用于制作高精度的传感器和电子元件。在医疗领域，3D 打印的陶瓷植入物（如牙科修复材料和骨替代品），因其优良的生物相容性和力学性能，受到了广泛关注。

生物材料的 3D 打印，即生物打印，是近年来的研究热点。生物打印技术通过层层沉积生物材料和细胞，制造出仿生组织和器官。常用的生物打印材料包括水凝胶、胶原蛋白和生物陶瓷等。生物打印技术在组织工程和再生医学中具有重要的应用前景。通过生物打印技术，可以制造出个性化的软骨、皮肤和血管等组织替代物，用于修复和替代受损组织。此外，研究人员还在探索利用生物打印技术制造功能性人工器官，如肝脏和心脏，为解决器官移植供体短缺问题提供了新的途径。

随着材料科学和3D打印技术的不断进步，未来将有更多种类的材料被用于3D打印，进一步拓宽其应用领域并提高其影响力。新材料的开发将推动3D打印技术在更多行业中的应用，为制造业带来更高效、更环保和更经济的解决方案。例如，功能性材料的3D打印，如导电材料、磁性材料和智能材料，将实现更多复杂功能的集成和创新应用，推动智能制造和定制化生产的发展。

3D打印技术通过不断扩大的材料范围，从塑料、金属到陶瓷和生物材料，满足了不同应用领域的需求。特别是在航空航天领域，3D打印技术用于制造轻质、高强度的金属结构件，显著减少了零件重量，提高了燃油效率和飞行性能。随着技术的不断进步，3D打印将在更多领域展现其独特优势，为现代制造业的发展提供强有力的支持。

（二）应用领域

增材制造技术因其独特的逐层堆积成形原理，正在多个领域得到广泛应用，特别是在医疗器械和汽车制造中展现出巨大潜力。在医疗器械领域，3D打印技术用于制造个性化的植入物和手术导板，提高了手术的精度和效率，医生可以根据患者的解剖数据定制植入物和导板，减少手术时间和并发症。在汽车制造领域，3D打印技术用于快速制造原型和定制零件，缩短了产品开发周期，降低了成本，设计师可以通过3D打印快速迭代设计和制造复杂零部件，实现高精度和高性能的生产。通过这些应用，3D打印技术不仅提高了医疗和制造的效率和质量，还推动了个性化和定制化的发展。随着技术的不断进步，3D打印将在更多领域展现其独特优势，为现代制造业的发展提供强有力的支持。

机电一体化技术的制造技术进步，涵盖精密制造、增材制造、智能制造和绿色制造等多个方面。这些技术的应用，不仅提高了产品的质量和性能，还大幅度降低了生产成本和时间，为机电一体化技术的广泛应用提供了强有力的支撑。随着科技的不断发展，制造技术将进一步向智能化、绿色化方向发展，为现代工业生产和智能制造的发展提供更多可能性和广阔前景。

集成系统设计

机电一体化系统集成是指将机械、电气和控制等多个领域的技术有机地整合在一起，形成一个整体化的系统，以实现自动化生产、监控和管理，通过整合各种硬件设备、传感器、执行器、控制器以及软件系统来实现。机电一体化系统集成的关键目标是实现不同子系统之间的紧密连接和协调配合，从而提高生产效率、降低成本、提高产品质量、减少人力干预、降低运营风险等，包括硬件设备集成、通信与网络集成，数据采集与处理集成、控制系统集成、软件系统集成。机电一体化系统集成通过自动化控制和智能化管理，实现生产过程的高效率运行。实时监控和数据分析能够及时发现问题并进行调整，保证产品质量稳定自动化生产和精细化管理，从而减少人力成本和资源浪费。系统的可编程性和可调整性使生产过程更加适应各种生产需求和变化。通过智能监控和预警系统，能及时发现并防止生产过程中的安全隐患。机电一体化系统集成是现代工业生产中的重要手段，能够提高企业的竞争力和生产效益，推动工业自动化水平的不断提高。

（一）传感器与执行器

传感器技术作为现代科技的产物，已被广泛应用于各个领域，如工业自动化、医疗设备、环境监测、航空航天等。目前，科技不断发展，传感器技术也不断更新，其精确度、稳定性和可靠性都得到大幅改善。

现代传感器技术已不再局限于简单的物理量测量而是朝着更复杂、更多功能的方向发展。例如，生物传感器可以用来对生物体内的各种化学物质进行检测，从而提供重要的医学诊断依据；光学传感器可以用来探测物体表面的形貌和颜色等信息。

智能执行器是传感器技术的延伸，它结合传感器技术和自动控制技术，实现了对各种物理量的自动控制和调节。智能执行器在设计和应用方面需要充分考虑其精度、响应速度、稳定性、可靠性等方面，以确保其能够在实际应用中发挥出最佳性能。在设计和应用智能执行器时，需要充分考虑使用环境和使用要求，如温度、湿度、压力、流量等。此外，还需要根据不同的控制算法和策略进行设计和优化，以保证其能够在实际应用中实现最佳的控制效果。

（二）数据采集与处理

数据采集的方式和工具随着技术的发展而丰富起来，其具体如下：

1. 网络爬虫

通过在浏览器中模拟用户访问网页，网络爬虫可以自动抓取网站上的数据。常用的网络爬虫工具有 Serapy、Beautiful Soup、Selenium 等。

2. 传感器

传感器可以用来收集温度、湿度、压力、光照等各种物理量。传感器数据可以用于监测环境、预测设备故障等。

3. 数据库查询

数据库中的资料可以通过编写 SOL 语句进行查询。数据库查询是一种高效的数据采集方式，适用于需要大量数据处理的情况。

4. API 接口

许多企业和组织提供了 API 接口用于获取数据。通过 API 接口的调用，结构化的数据很容易被获取。

5. 文件导入

在本地文件中储存资料，再将资料导入系统，以档案导入的方式导入。常用的文件格式包括 CSV、Exeel 等。

为了提高数据处理效率，提高准确率，优化数据处理算法是必不可少的关键步骤，常见的方法如下：

（1）数据清理

对重复数据进行清除，对缺失值异常值等进行处理，使数据质量得到提高。

（2）特征工程

将对模型训练有帮助的特征通过特征选择、特征提取、特征转换等方法提取出来。

（3）模型选择

选择适合的模型算法，根据不同的数据集和任务进行选择，如有线性回归、决策树随机森林、支持向量机等常用的机器学习算法。

（4）提前中止

通过提前中止对模型参数的调整可以避免过拟合、欠拟合问题的发生。

（三）通信与网络架构

在工业自动化领域，通信与网络架构是实现设备间信息交互和协同运行的基础。为了确保数据传输的可靠性和实时性，必须选择适当的通信协议。此外，还需要采用模块化的设计方法，将系统拆分为若干功能模块，以提高系统的可扩展性和可维护性。5G技术为工业通信带来了新的发展机遇，作为具有高速率、低时延、大连接数等优势的新一代移动通信技术，在通信与网络架构方面，5G技术为工业自动化提供了更快速、更稳定的数据传输和实时通信能力，确保数据传输的可靠性和实时性。

未来机电一体化系统集成与优化的研究和发展将呈现出多元化、交叉融合和创新驱动的特点。通过深入研究和发展这些方向，有望为机电一体化系统的应用带来更多的可能性，促进产业的持续发展和进步。

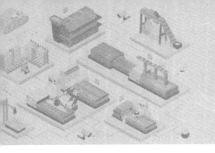

第四章　软件与控制

在机电一体化技术的发展过程中，软件与控制系统的演化起到了至关重要的作用。本章将深入探讨控制系统的发展历程、软件在机电一体化中的关键角色以及实时系统与反馈控制的应用。我们将回顾控制系统的演变，从早期的机械控制、继电器逻辑控制到现代的计算机控制系统，了解其在提高系统性能和自动化水平中的重要性。我们将探讨软件在机电一体化中的作用，如何通过先进的软件工具和编程技术，实现复杂系统的设计、仿真和控制，提高系统的智能化水平。最后，我们将重点介绍实时系统与反馈控制，这些技术通过实时监测和调整系统参数，确保系统稳定、高效地运行。本章旨在为读者提供全面的视角，理解软件与控制在现代机电一体化技术中的核心地位和未来发展方向。

控制系统的演化

控制系统在机电一体化技术的发展过程中扮演了至关重要的角色，其演化经历了从简单机械控制到高度复杂的计算机控制系统的巨大转变。每一个发展阶段都标志着控制技术在精度、效率和自动化程度上的显著提高。

一、早期的机械控制

在机电一体化技术的早期，控制系统主要依赖机械装置，如凸轮、杠杆、齿轮和机械连杆等，通过物理运动实现简单的控制功能。这种机械控制系统在早期工业自动化中占据重要地位，虽然结构简单、操作直观，但其灵活性和精度受限，难以应对复杂和多变的工业需求。

（一）机械控制系统的原理与应用

机械控制系统通过机械部件之间的相互作用，实现各种运动和控制功能。凸轮是机械控制系统中的重要元件，通过旋转产生的推力控制从动件的运动。

例如，在纺织机械中，凸轮用于控制织布机的梭子运动，确保织布过程的连续性和同步性。杠杆和连杆机构通过力的传递和转换，实现复杂的运动和控制。例如，机床中的进给机构通过杠杆和连杆系统控制刀具的位置和运动速度。

齿轮传动系统通过改变旋转运动的速度和方向，实现精确的速度和位置控制。在钟表制造中，齿轮系统用于控制指针的转动，确保时间的精确显示。在早期的工业机械中，齿轮传动系统广泛用于控制各种旋转和线性运动，如车床的主轴传动和进给传动。

（二）机械控制系统的局限性

尽管机械控制系统在早期工业自动化中发挥了重要作用，但其局限性也逐渐显现。机械控制系统的精度和灵活性有限。由于机械元件的加工和装配误差，机械控制系统难以实现高精度的控制。此外，机械控制系统的结构复杂，调试和维护困难。每次调整控制参数都需要对机械结构进行改动，导致调整过程烦琐且不精确。

机械控制系统难以适应复杂和多变的工业需求。随着工业生产的复杂性和多样性的增加，机械控制系统的局限性越来越明显。机械控制系统只能实现基本的速度和位置控制，难以应对需要多变量和非线性控制的复杂系统。例如，在早期的纺织机械中，机械控制系统只能控制基本的织布运动，难以实现复杂的花纹和图案的编织。在机床加工中，机械控制系统只能实现简单的切削运动，难以满足复杂零件的加工需求。

（三）机械控制系统的改进与发展

为了克服机械控制系统的局限性，人们不断探索新的控制技术。电气控制技术的引入为机械控制系统带来了新的发展机遇。通过将电动机与机械控制系统结合，能够实现更高的控制精度和灵活性。例如，使用电动机驱动凸轮和齿轮系统，可以通过调节电动机的转速和转矩，实现更精确的运动控制。

继电器控制系统是机械控制系统向电气控制系统过渡的重要步骤。继电器通过电磁感应控制电路的通断，能够实现更加灵活和复杂的控制逻辑。例如，在自动化生产线中，继电器控制系统用于控制传送带的启动和停止，实现产品的自动输送和分拣。虽然继电器控制系统在灵活性和控制复杂性上有了显著提高，但其物理布线复杂、维护困难，仍存在一定的局限性。

（四）机械控制系统的现代应用

尽管机械控制系统的局限性较大，但其基本原理和结构在现代工业中仍有应用。在某些高可靠性和低成本的应用场景中，机械控制系统仍然是优选方案。例如，在一些简单的自动化设备和机械玩具中，机械控制系统由于其结构简单、成本低廉，仍然广泛使用。此外，现代机械控制系统通过与电子控制技术的结合，实现了更加灵活和高效的控制。例如，机械伺服系统结合电子控制技术，能够实现高精度、高速度的运动控制，被广泛应用于机器人和精密机床中。

早期的机械控制系统通过凸轮、杠杆、齿轮和机械连杆等装置，实现了工业自动化的初步控制功能。尽管其结构简单、操作直观，但由于灵活性和精度的限制，难以满足复杂和多变的工业需求。随着电气控制技术的发展，机械控制系统逐渐被继电器控制系统和电子控制系统取代。然而，机械控制系统的基本原理和结构在现代工业中仍有应用，通过与电子控制技术的结合，实现了更高的控制精度和灵活性。机械控制系统的演变历程展示了工业控制技术的发展方向，为现代控制系统的设计和应用提供了宝贵的经验和启示。

二、继电器逻辑控制

继电器逻辑控制系统的出现是机电一体化技术发展的重要里程碑。随着电气工程的发展，继电器作为一种电磁开关设备，因其可靠性高、反应迅速，迅速被应用于工业控制领域。继电器逻辑控制系统通过继电器的开关动作，利用组合逻辑实现复杂的控制功能，为工业自动化带来了显著的进步。

（一）继电器逻辑控制系统的原理

继电器是一种电磁开关，通过电磁线圈的通电和断电，控制触点的开闭，从而实现电路的通断。继电器逻辑控制系统由多个继电器组成，通过设计合理的电路，将继电器的开关状态进行组合，形成逻辑控制。每个继电器代表一个逻辑状态，通过串联、并联等连接方式，实现与、或、非等逻辑运算。例如，在一个简单的自动化控制系统中，可以通过继电器逻辑控制系统实现设备的启动、停止、顺序控制等功能。

（二）继电器逻辑控制系统的优势

继电器逻辑控制系统相较于早期的机械控制系统，具有显著的优势。继电器控制系统提高了控制的灵活性和可靠性。通过合理设计继电器电路，可以实现复杂的控制逻辑，适应多种工业控制需求。继电器的反应迅速、动作可靠，能够在高频次开关操作中保持稳定性，减少故障率。

继电器逻辑控制系统能够处理更加多样化的控制任务。不同类型的继电器可以实现不同的功能。例如，延时继电器、脉冲继电器和计数继电器等，可以用于实现时序控制、脉冲控制和计数控制等复杂任务。在自动生产线中，继电器逻辑控制系统可以控制传送带的启动和停止、分拣设备的动作顺序和检测设备的响应，极大地提高了生产效率和自动化水平。

（三）继电器逻辑控制系统的局限性

随着控制需求的增加，继电器逻辑控制系统的复杂性不断增加，导致布线烦琐和维护困难。一个复杂的控制系统需要上百个甚至上千个继电器，通过大量的电线和接点连接，增加了设计和施工的难度。每个继电器的状态都需要通过物理连接实现，当系统需要修改或扩展时，需要重新布线和调整，费时费力且容易出错。

此外，继电器的机械结构决定了其寿命有限。继电器在长时间使用过程中，触点会因为反复开闭产生机械磨损，影响其性能和可靠性。虽然继电器的维护和更换相对简单，但在大规模使用的情况下，频繁地维护和更换仍然会增加成本和停机时间。

（四）继电器逻辑控制系统的应用

尽管继电器逻辑控制系统存在局限性，但在 20 世纪中期依然被广泛应用于工业自动化领域，尤其是在机床控制、电梯控制和生产线控制等方面。在机床控制系统中，继电器逻辑控制用于实现刀具的自动切换、工件的定位和进位控制，提高了加工精度和效率。在电梯控制中，继电器逻辑控制实现了楼层选择、开关门控制和安全保护等功能，确保电梯运行的安全性和可靠性。在生产线控制中，继电器逻辑控制系统通过对传送带、机械臂和检测设备的协调控制，实现了生产过程的自动化和高效化。

（五）继电器逻辑控制系统的现代发展

随着电子技术和计算机技术的发展，继电器逻辑控制系统逐渐被更为先进的控制系统取代，如可编程逻辑控制器（PLC）和计算机数控系统（CNC）。这些现代控制系统具有更高的灵活性、可编程性和易维护性，能够满足更复杂和多变的工业控制需求。然而，继电器逻辑控制系统作为一种经典的控制技术，仍然在一些特殊应用场景中发挥着作用，特别是在一些要求高可靠性和低成本的控制系统中。

继电器逻辑控制系统是机电一体化技术发展的重要里程碑，通过利用继电器的开关动作和组合逻辑，实现了复杂的控制功能。尽管随着控制需求的增加，继电器逻辑控制系统的复杂性和维护难度也在增加，但其在工业自动化领域的广泛应用和显著优势，使其在20世纪中期仍然占据重要地位。随着技术的进步，继电器逻辑控制系统逐渐被更为先进的控制系统取代，但其作为一种经典的控制技术，仍然在特定领域中发挥着不可替代的作用。

三、可编程逻辑控制器（PLC）

20世纪60年代，随着电子技术和计算机技术的迅猛发展，可编程逻辑控制器（PLC）应运而生，成为工业自动化领域的一项革命性技术。PLC通过编程实现控制逻辑的灵活配置，极大地简化了控制系统的设计和维护。相比于传统的继电器逻辑控制系统，PLC不仅继承了其优点，还具有更高的灵活性和可扩展性。

（一）PLC的基本原理和优势

PLC是一种专用的工业计算机，设计用于在工业环境中可靠运行。其核心组件包括中央处理器（CPU）、存储器、输入/输出（I/O）模块和编程设备。通过编程，PLC可以执行复杂的逻辑控制、顺序控制、计时和计数等功能。PLC的编程通常采用梯形图、功能模块图和指令表等编程语言，这些语言简单直观，便于工程技术人员掌握。

PLC的优势主要体现在以下几个方面。

1. 灵活性和可扩展性

PLC通过编程实现控制逻辑的灵活配置，能够适应不同的工业控制需求。当生产工艺或控制需求发生变化时，只需修改程序，无须更改硬件，极大地提高了系统的灵活性。此外，PLC的模块化设计允许用户根据需要添加或更换I/O模块，方便地进行系统扩展和升级。

2. 可靠性和稳定性

PLC设计用于在恶劣的工业环境中运行，具有高可靠性和稳定性。PLC的硬件设计坚固，能够承受振动、冲击和电磁干扰。其软件系统经过严格测试和验证，能够在长时间运行中保持稳定。

3. 简化设计和维护

PLC 通过编程实现控制逻辑，简化了控制系统的设计和布线。传统的继电器逻辑控制系统需要大量的物理布线和继电器，设计和维护复杂。PLC 通过软件编程替代物理布线，减少了硬件复杂性，提高了系统的可维护性。

（二）PLC 在工业自动化中的应用

PLC 广泛应用于各个工业领域，特别是在需要高效、精确和可靠控制的自动化生产线上。以下是 PLC 在一些典型应用中的案例。

1. 汽车制造生产线

在汽车制造过程中，PLC 被广泛用于控制焊接机器人、传送带和装配机械。在车身焊接环节，PLC 通过控制焊接机器人，实现复杂的焊接路径和焊接参数设置，确保焊接质量和效率。在装配线上，PLC 控制传送带的速度和方向，协调各个工位的装配顺序和节奏，提高生产线的整体效率和自动化水平。

2. 食品饮料加工

在食品饮料加工行业，PLC 用于控制各种加工设备和过程参数。在饮料灌装生产线上，PLC 控制灌装机的液位和速度，确保灌装精度和生产效率。在食品加工过程中，PLC 通过监控温度、压力和时间等参数，实现对加热、冷却和搅拌等工艺的精确控制，确保产品质量和安全性。

3. 化工过程控制

在化工行业，PLC 被用于复杂的过程控制和监控。在化工反应过程中，PLC 通过监控和控制反应温度、压力和流量，确保反应过程的稳定和安全。在污水处理系统中，PLC 控制各个处理单元的运行状态和参数，确保处理效果和环保标准。

4. 智能建筑管理

在智能建筑管理系统中，PLC 用于控制照明、空调、电梯和安防系统等。通过 PLC 控制照明系统，实现定时开关灯和光感应控制，提高能源利用效率。在空调系统中，PLC 监控温度和湿度参数，自动调节空调运行状态，确保室内环境的舒适性和节能效果。

四、数字控制系统

20 世纪 70 年代，数字控制系统开始崭露头角。数字控制系统通过数字信号处理和计算机算法，实现更加精确和复杂的控制功能。数控机床（CNC）

是数字控制系统的典型应用，CNC 利用计算机控制刀具路径和加工参数，实现高精度和高效率的加工。数字控制系统不仅提高了控制精度和响应速度，还能够处理多变量和非线性控制问题，适用于更广泛的工业应用。

五、分布式控制系统（DCS）

随着工业生产规模的扩大和复杂程度的增加，分布式控制系统（DCS）成为控制系统发展的新方向。DCS 通过将控制功能分散到各个独立的控制节点，实现分布式管理和控制。每个控制节点独立运行，但通过网络实现协调和数据共享。DCS 不仅提高了系统的可靠性和灵活性，还简化了系统的扩展和维护。

（一）DCS 的原理和优势

分布式控制系统（DCS）通过将整个控制系统分散成多个独立的控制节点，每个节点负责一个或多个特定的控制任务。控制节点可以是本地控制器、传感器、执行器或监控设备。这些节点通过工业网络（如以太网或现场总线）进行通信，实现数据共享和协调控制。DCS 的核心理念是将控制功能分布在各个节点上，使系统具有更高的容错能力和灵活性。

（二）提高系统的可靠性

由于控制功能分散到多个节点上，即使某个节点发生故障，也不会导致整个系统崩溃。其他节点可以继续正常运行，确保系统的整体稳定性和连续性。这种架构特别适用于关键过程控制和高安全性要求的应用场景，如石油化工、电力系统和核电站等。在这些领域，DCS 能够确保关键控制任务在任何情况下都能得到有效执行，极大地提高了系统的安全性和可靠性。

（三）提高系统的灵活性

DCS 的分布式管理和控制模式大大提高了系统的灵活性。由于每个控制节点独立运行，可以根据具体的应用需求灵活配置和调整控制策略。这种灵活性使 DCS 能够适应不同规模和复杂程度的工业过程控制需求。通过简单的网络配置和软件调整，可以方便地扩展和升级系统，满足不断变化的生产需求。例如，在石油化工行业中，当新增生产装置或调整生产工艺时，可以通过增加或重新配置控制节点，快速实现系统的扩展和调整，提高生产效率和灵活性。

（四）简化系统的扩展和维护

通过增加控制节点和网络连接，可以轻松实现系统的扩展，而无须大幅改动原有系统结构。维护过程中，可以逐步更换或升级各个控制节点，减少对系统正常运行的影响。这种分布式架构还支持远程监控和诊断，技术人员可以通过网络实时获取系统运行状态和故障信息，快速进行故障排查和修复，降低维护成本和停机时间。

随着物联网（IoT）、大数据和人工智能（AI）等新兴技术的发展，DCS将进一步智能化和网络化。未来的DCS将更加注重数据的实时采集和智能分析，通过大数据技术，对工业过程中的海量数据进行深度分析，优化控制策略和生产工艺，提高生产效率和产品质量。人工智能技术将使DCS具备自学习和自优化能力，根据生产环境和需求的变化，自动调整控制参数，实现更高水平的自主化和智能化控制。

分布式控制系统（DCS）通过将控制功能分散到各个独立的控制节点，实现分布式管理和控制，大大提高了系统的可靠性、灵活性和可扩展性。DCS在石油化工和电力系统等领域的广泛应用，显著提高了工业过程控制的稳定性和安全性。随着技术的不断进步，DCS将在更多领域发挥其独特优势，为现代工业自动化的发展提供强有力的支持。

六、现代计算机控制系统

21世纪,现代计算机控制系统融合了计算机技术、通信技术和自动化技术，实现了更加智能化和网络化的控制。这些系统在工业4.0和智能制造领域得到了广泛应用，通过物联网（IoT）、大数据分析和人工智能（AI）技术，实现高度智能化的控制和优化。

（一）物联网（IoT）

物联网（IoT）通过将设备、传感器和系统连接到互联网，实现了设备间的信息互联和数据共享。在现代控制系统中，IoT技术用于实时采集和传输生产过程中的各种数据，如温度、压力、速度、位置等。通过这些数据，控制系统可以实时监控设备状态和生产过程，及时发现异常情况并进行处理。例如，在智能工厂中，IoT传感器实时监测设备的运行状态和生产参数，当发现设备异常或参数超出预设范围时，系统会自动发出警报或采取相应的纠正措施，避免生产故障和停机。

（二）大数据分析

大数据分析技术通过对海量生产数据的深度分析和挖掘，优化生产过程和决策。现代控制系统利用大数据分析技术，处理和分析从 IoT 设备和传感器收集的大量数据，找出影响生产效率和产品质量的关键因素。通过大数据分析，企业可以实现预测性维护、质量控制和生产优化。例如，数据分析可以帮助企业预测设备故障，提前安排维护，减少非计划停机时间；通过分析生产数据，可以发现影响产品质量的工艺参数，优化生产流程，提高产品合格率和一致性。

（三）人工智能（AI）

人工智能（AI）技术在现代控制系统中发挥着重要作用。AI 通过机器学习算法，能够从历史数据中学习和优化控制策略，实现自适应控制和智能决策。在智能制造中，AI 技术用于生产过程的优化和自动化控制。例如，通过机器学习算法，系统可以根据历史数据和实时数据，自动调整生产参数，如温度、压力、速度等，确保生产过程在最佳条件下进行，提高生产效率和产品质量。此外，AI 技术还可以用于智能机器人控制，实现复杂的装配、搬运和检测任务，提高生产自动化水平。

（四）分布式计算和云计算

分布式计算和云计算技术在现代控制系统中也得到了广泛应用。分布式计算通过将计算任务分散到多个节点上处理，提高了计算效率和系统响应速度。云计算则提供了强大的计算能力和存储资源，支持大规模数据处理和复杂算法运行。在现代控制系统中，分布式计算和云计算技术实现了跨地域的协同控制和远程监控。例如，智能工厂中的控制系统可以通过云平台进行数据存储和处理，管理者可以通过云平台实时监控生产状态，远程调整生产计划和参数，提高系统的灵活性和响应能力。

随着技术的不断进步，现代计算机控制系统将继续发展，推动工业 4.0 和智能制造的深入发展。未来，5G 通信技术的普及将进一步提高系统的通信速度和稳定性，减少延迟，增强实时控制能力。人工智能技术将继续发展，实现更高级别的自学习和自优化控制，提高系统的智能化水平和自适应能力。

现代计算机控制系统通过融合计算机技术、通信技术和自动化技术，实现了高度智能化和网络化的控制。物联网、大数据和人工智能技术在工业 4.0 和智能制造中的应用，显著提高了生产效率和产品质量。分布式计算和云计算技术的应用，使得现代控制系统能够实现跨地域的协同控制和远程监控，进一步提升了系统的灵活性和响应能力。随着技术的不断进步，现代计算机控制系统将在更多领域发挥其独特优势，为现代工业的发展提供强有力的支持。

展望未来，控制系统将继续朝着智能化、自主化和集成化方向发展。随着人工智能、5G通信和边缘计算等技术的成熟，未来的控制系统将更加智能和自适应。自学习和自优化控制算法将被广泛应用，使系统能够根据环境变化和历史数据，自主调整控制策略，提升系统的鲁棒性和适应性。同时，控制系统将与更多的新兴技术融合，如区块链技术的引入，将提高工业控制系统的数据安全和透明度。

控制系统的演化过程展现了技术进步对工业自动化和机电一体化发展的深远影响。从早期的机械控制到现代智能控制系统，控制技术不断突破和创新，为现代工业生产的高效、安全和智能化提供了坚实的基础。随着技术的不断进步，控制系统将在更多领域展现其强大的应用潜力，为未来的智能制造和工业自动化发展提供更多可能性。

软件在机电一体化中的角色

软件通过控制硬件、实现复杂的控制算法、提供用户界面和实现系统集成，使机电一体化技术能够高效、精准、灵活地运行。以下是软件在机电一体化中的几个关键应用。

一、控制与监控

在机电一体化技术中，软件的控制与监控功能是其核心作用之一。通过先进的控制算法和实时监控技术，软件不仅确保设备按预定方式运行，还能及时发现并处理异常情况，极大地提高了系统的可靠性和效率。

（一）控制功能

控制软件是机电一体化技术的核心，通过嵌入式系统、可编程逻辑控制器（PLC）和分布式控制系统（DCS）等硬件平台，控制软件能够对传感器、执行器和其他外围设备进行高效的管理和控制。

1. 嵌入式系统控制

通过运行专用的控制软件，实现设备的精准控制。在无人机中，嵌入式控制系统负责管理飞行控制、姿态调整和导航，通过实时处理传感器数据，执行预设的飞行算法，确保无人机按照计划的轨迹飞行。

2. PLC 控制

PLC 控制软件通过编程实现逻辑控制、顺序控制、计时和计数等功能。例如，在自动化生产线上，PLC 控制软件可以控制传送带的速度和方向，协调机器人和其他设备的操作，实现高效的生产过程。

3. DCS 控制

DCS 通过分布式控制节点，实现对复杂系统的分布式管理。DCS 控制软件负责在各个控制节点上运行控制算法，并通过网络实现数据共享和协调控制。在石油化工厂中，DCS 控制软件可以管理多个反应器和蒸馏塔，实时调整温度、压力和流量等参数，确保化工过程的稳定和高效。

（二）监控功能

监控软件通过实时采集和处理传感器数据，监视系统的运行状态，确保系统的安全和稳定运行。监控软件具有以下功能。

1. 实时数据采集和处理

监控软件通过传感器采集设备的运行数据，如温度、压力、速度和位置等，并实时处理这些数据。在数控机床中，监控软件实时采集和处理主轴转速、刀具位置和切削力等数据，确保加工过程的精度和稳定性。

2. 异常检测和报警

监控软件能够检测设备运行中的异常情况，如超温、超压、振动异常等，及时触发报警并记录相关数据。在锅炉控制系统中，监控软件可以实时监测锅炉的温度和压力，当发现参数超出安全范围时，立即触发报警，通知操作人员采取措施，防止事故发生。

3. 数据记录和历史分析

监控软件能够记录设备的运行数据，提供历史记录和趋势分析，帮助操作人员和维护人员进行故障诊断和系统优化。在风力发电系统中，监控软件可以记录每台风机的运行状态和发电量，通过分析这些数据，发现风机的运行规律和潜在问题，优化风机的运行参数，从而提高发电效率。

通过先进的控制算法和实时监控技术，软件确保设备按预定方式运行，及时发现并处理异常情况，提高了系统的可靠性和效率。随着技术的不断进步，控制与监控软件将在更多领域发挥其关键作用，为现代工业自动化和智能制造提供强有力的支持。

二、实现复杂控制算法

机电一体化技术中的控制需求往往非常复杂，需要高精度、高响应速度的控制算法来实现。软件能够实现复杂的控制算法，如 PID 控制、模糊控制、自适应控制和智能控制等，满足不同应用场景的控制需求。

PID 控制算法被广泛应用于温度控制、速度控制和位置控制等场景，通过对比例、积分和微分参数的调节，取得精确的控制效果。模糊控制和自适应控制能够处理非线性和不确定性系统，提高控制的鲁棒性和适应性。智能控制算法，如神经网络和遗传算法，通过学习和优化，能够实现更高层次的自主控制和优化。

三、提供用户界面

在机电一体化技术中，软件不仅需要实现复杂的控制算法和实时监控，还必须提供友好的用户界面，使操作人员能够方便地监控和操作系统。人机界面（HMI）软件通过图形化界面展示系统的运行状态、操作参数和报警信息，使操作人员能够通过触摸屏、键盘或鼠标等输入设备与系统进行交互。

（一）图形化用户界面（GUI）

图形化用户界面（GUI）是 HMI 软件的核心，通过直观的图形显示系统的运行状态和参数。操作人员可以通过 GUI 实时查看各项关键参数，如温度、压力、速度和位置等，了解系统的当前状态。例如，在自动化生产线中，HMI 软件的 GUI 可以显示生产线的运行状态，包括各个工位的操作情况、产品通过情况以及设备的工作状态。这种图形化显示使操作人员能够快速、直观地了解系统运行情况，从而减少操作复杂度和误操作的可能性。

（二）实时监控与操作

HMI 软件不仅提供系统的实时监控功能，还允许操作人员进行必要的操作和调整。例如，操作人员可以通过 HMI 软件调整工艺参数，如改变温度设定值、调节传送带速度或启动 / 停止某个设备。这些操作通过触摸屏、键盘或鼠标进行输入，HMI 软件将操作指令传递给控制系统，实时执行相应的操作。

实时监控和操作功能确保操作人员能够及时发现和处理系统中的异常情况。例如，在检测到设备过热时，HMI 软件会立即发出报警，并显示相关信息，操作人员可以通过界面快速采取措施，如降低设备负荷或停机检查、避免设备损坏和生产事故。这种实时监控与操作能力显著提高了系统的可靠性和安全性。

（三）数据记录与趋势分析

HMI 软件不仅提供实时监控和操作功能，还具备强大的数据记录和趋势分析功能。通过持续记录系统运行数据，HMI 软件能够生成详细的历史记录，包括设备运行状态、操作日志和报警记录等。这些数据记录为后续的故障诊断和维护提供了重要依据。

趋势分析功能通过对历史数据的分析，帮助操作人员和管理人员发现系统运行的规律和潜在问题。例如，通过分析温度、压力等参数的变化趋势，可以预测设备的维护需求和优化生产工艺。趋势分析还可以帮助识别系统中的"瓶颈"和效率低下的环节，提供数据支持，优化生产流程，提高生产效率和产品质量。

（四）报告生成与决策支持

HMI 软件能够自动生成各种类型的报告，为管理人员提供决策支持。这些报告包括生产报表、设备运行报告、维护记录和故障分析报告等。通过定期生成和审阅这些报告，管理人员可以全面了解系统的运行情况，评估生产效率和设备健康状况，制订科学的生产计划和维护策略。

在自动化工厂中，HMI 软件可以生成每天的生产报表，详细记录生产线的运行状态、产量和设备利用率等数据。管理人员通过分析这些报表，可以及时调整生产计划，优化资源配置，提高生产效率和产品质量。此外，HMI 软件的故障分析报告可以帮助管理人员识别和解决系统中的关键问题，减少设备停机时间和维护成本。

通过机电一体化技术中提供友好的用户界面，通过图形化界面显示系统的运行状态、操作参数和报警信息，操作人员可以通过触摸屏、键盘或鼠标等输入设备与系统进行交互。用户界面软件不仅提供实时监控和操作功能，还可以进行数据记录、趋势分析和报告生成等功能，帮助操作人员和管理人员全面了解系统的运行情况，进行数据分析和决策支持，提高系统的管理和维护水平。通过这些功能，HMI 软件在自动化工厂、电力系统等多个领域发挥了重要作用，显著提高了生产效率和管理水平。

四、系统集成

在机电一体化技术中，软件在系统集成方面发挥着关键作用，通过标准化的通信协议和接口，如 Modbus、Profibus 和 Ethernet，实现不同子系统之间的互联互通和协同工作，形成一个有机的整体。集成软件通过实时数据交换、协同控制和综合监控，实现各子系统的高效协作和统一管理。其主要功能包括数据交换、协同控制、综合监控和管理，以及故障诊断和维护。在智能制造系统中，集成软件连接数控机床、工业机器人、传感器和 PLC 等设备，实现生产过程的自动化和智能化，提高生产效率和产品质量；在能源管理系统中，集成软件优化发电、输电和配电设备的协作，降低能耗和成本；在楼宇自动化系统中，集成软件整合暖通空调、照明、安全和电梯系统，实现建筑物的智能管理和控制，提高能源利用效率和用户体验。通过系统集成，机电一体化技术能够在各个领域发挥重要作用，显著提高系统的整体性能、效率和可靠性。

五、数据处理与分析

在机电一体化技术中，软件还负责大量数据的处理与分析。通过数据采集和存储，软件能够记录系统的运行数据和环境数据，为后续的数据分析和优化提供基础。数据分析软件通过对采集数据的处理和分析，发现系统的运行规律和潜在问题，优化控制策略和生产工艺。大数据和人工智能技术的应用，使得数据分析软件能够实现更高级的数据挖掘和智能决策。例如，通过对生产数据的分析，可以发现影响产品质量的关键因素，优化生产工艺，降低次品率；通过对设备运行数据的分析，可以预测设备故障，实现预测性维护，减少设备停机时间和维护成本。

六、支持远程监控与维护

随着互联网技术的发展，软件在机电一体化技术中的应用范围不断扩大，远程监控软件通过互联网连接设备，实现对设备运行状态的远程监控和控制。维护人员可以通过远程访问设备，进行参数调整、故障诊断和软件更新等操作，减少现场维护的频率和成本。

远程监控与维护软件还能够实现多设备的集中管理和综合监控，提高系统的管理效率和维护水平。在风力发电系统中，远程监控软件能够实时监控多个风力发电机组的运行状态，进行故障诊断和维护，提高发电系统的可靠性和发电效率。

软件在机电一体化技术中扮演着多重角色，通过控制与监控、实现复杂控制算法、提供用户界面、系统集成、数据处理与分析，以及支持远程监控与维护等功能，确保系统的高效、精准和灵活运行。随着技术的不断发展，软件在机电一体化中的作用将更加重要，为现代工业自动化和智能制造提供强有力的支持。

实时系统与反馈控制

在机电一体化技术中，实时系统与反馈控制是实现高效、精准控制的关键技术。实时系统确保控制系统能够在严格的时间约束下进行操作，而反馈控制则通过连续调整控制输入，使系统能够稳定、可靠地运行。

一、实时系统

实时系统在机电一体化中起着至关重要的作用，特别是在需要快速响应和高精度控制的应用场景。实时系统的核心在于其能够在规定的时间内完成特定任务，这对控制系统的性能和稳定性至关重要。

（一）特点与要求

实时系统的主要特点是其确定性和时间敏感性。确定性意味着系统的每个操作必须在预定的时间内完成，以确保任务按时执行。时间敏感性要求系统能够对外部事件快速响应，确保系统能及时处理变化。这些特性保证了系统在各种操作条件下都能稳定、高效地运行。例如，在工业自动化中，实时系统确保传感器数据的快速处理和控制信号的及时发送，维持生产线的平稳运行。

（二）应用实例

在工业机器人控制中，实时系统用于确保机器人动作的同步和协调。在汽车制造中，实时系统控制焊接机器人的精确运动，使其能够在极短的时间内完成复杂的焊接任务，确保焊接质量和生产效率。在数控机床中，实时系统控制刀具的运动轨迹和切削参数，保证零件加工的高精度和高效率。

二、反馈控制

反馈控制是机电一体化技术中的另一项关键技术，通过实时监测系统输出并调整输入，使系统稳定运行。经典的反馈控制方法包括比例－积分－微分（PID）控制、模糊控制、自适应控制和智能控制等。

（一）PID控制

PID控制是最广泛应用的反馈控制方法，通过调节比例、积分和微分三个参数，实现精确控制。PID控制器根据当前误差、误差的累积和误差变化率，生成控制信号，调整系统输入，使输出接近设定值。例如，在温度控制系统中，PID控制器通过调节加热器的功率，保持温度在设定范围内。

（二）模糊控制

模糊控制通过模糊逻辑处理不确定性和非线性系统，适用于传统控制方法难以处理的复杂系统。模糊控制器将输入变量模糊化，应用模糊规则进行推理，再将输出解模糊化，得到控制信号。例如，在复杂的化工反应控制中，模糊控制可以处理多变量和非线性的复杂关系，提高系统的鲁棒性和稳定性。

（三）自适应控制

自适应控制能够根据系统的变化自动调整控制参数，适应不同的运行条件。自适应控制系统通过实时识别系统参数并调整控制策略，实现最佳控制效果。例如，在无人机飞行控制中，自适应控制系统能够根据风速和载荷变化，自动调整飞行参数，确保无人机的稳定飞行。

（四）智能控制

智能控制结合人工智能技术，通过机器学习和优化算法实现高级控制功能。神经网络和遗传算法是常见的智能控制方法，通过学习系统行为和优化控制策略，智能控制系统能够处理复杂、多变的控制任务。例如，在智能制造系统中，智能控制系统通过对大量生产数据的分析，优化生产工艺和控制策略，提高生产效率和产品质量。

三、实时系统与反馈控制的集成

在机电一体化技术中，实时系统与反馈控制的集成是实现高效、精准控制的关键。实时系统提供了快速响应和时间确定性的基础，而反馈控制则通过持续调整控制输入，实现系统的稳定和高效运行。

（一）实时数据采集与处理

实时系统通过传感器采集系统运行数据，并在极短的时间内处理这些数据，为反馈控制提供准确的输入。例如，在自动驾驶系统中，实时系统通过激光雷达、摄像头和传感器采集车辆周围环境的数据，并实时处理这些数据，为反馈控制系统提供准确的输入信息，确保车辆的安全驾驶。

（二）高效地控制算法执行

实时系统确保反馈控制算法能够在规定时间内执行，保证控制系统的快速响应和高精度。例如，在高速列车控制系统中，实时系统确保列车速度、加速度和位置等关键参数能够在毫秒级时间内被采集和处理，反馈控制系统根据这些参数调整列车的运行状态，确保列车的安全和舒适。

四、应用实例

在工业自动化系统中，实时系统与反馈控制的结合是实现高效、稳定生产过程的关键技术。这种结合通过实时监控生产设备的运行状态，并根据反馈信息及时调整生产参数，优化生产流程，提高产品质量和生产效率。

实时系统在工业自动化中负责监控生产设备的运行状态，确保各个环节的数据采集和处理都在严格的时间约束内完成。通过传感器和数据采集设备，实时系统可以获取温度、压力、速度、位置等关键参数。这些数据通过网络传输到控制系统，进行实时处理和分析。

反馈控制系统则根据实时监控数据，对生产过程进行动态调整。反馈控制的核心是通过连续监测系统输出并调整输入，使系统保持稳定和高效运行。例如，在食品加工行业中，生产线需要严格控制温度、湿度和其他工艺参数，以确保产品质量和一致性。实时系统监测这些参数，并将数据传送到反馈控制系统。反馈控制系统根据实时数据调整加热、冷却、加湿等设备的运行状态，确保生产环境的稳定。

通过实时系统与反馈控制的结合，工业自动化系统能够显著提高生产效率和产品质量。在食品加工行业中，这种技术应用广泛。例如，在汽车制造生产线中，实时系统监测关键设备，如焊接机器人和装配机械的运行参数，包括振动、温度和功率消耗。反馈控制系统根据这些参数识别设备的异常状态，提示维护人员进行预防性维护，避免设备突然故障造成生产中断。

实时系统和反馈控制还可以优化生产流程，减少资源浪费。例如，在一条综合汽车生产流水线上，从车身焊接、喷涂、总装到成品检测，各个环节都由实时系统监控，并通过反馈控制系统协调运行。实时系统监测每个环节的参数，如焊接温度、喷涂厚度和装配精度，并将这些数据传输到反馈控制系统。反馈控制系统根据实时数据动态调整每个环节的操作参数，确保生产过程的每个环节都处于最佳状态，从而最大化生产效率和产品质量。

通过实时监控设备的运行状态，可以及早发现潜在问题，进行预测性维护，减少设备故障和停机时间。通过集成各个生产环节的实时数据，反馈控制系统可以对整个生产过程进行全局优化。

在工业自动化系统中，实时系统与反馈控制的结合是实现高效、稳定生产过程的关键技术。通过实时监控生产设备的运行状态，并根据反馈信息及时调整生产参数，工业自动化系统能够显著提高生产效率和产品质量，同时减少资源浪费和设备故障。随着技术的不断发展，实时系统与反馈控制将进一步融入物联网、大数据和人工智能等技术，推动工业自动化向更高水平的智能化和自动化发展。

在机电一体化技术中，实时系统与反馈控制的结合实现了高效、精准的系统控制。实时系统确保快速响应和时间的确定性，反馈控制通过持续调整控制输入，实现系统的稳定和高效运行。两者的集成在工业自动化、智能交通、航空航天等多个领域发挥了重要作用，提高了系统的性能和可靠性。随着技术的不断发展，实时系统与反馈控制将继续在更多领域展现其强大功能，推动机电一体化技术的发展。

第五章　机电技术行业实际应用

　　机电一体化技术已经成为现代工业发展的重要推动力,其应用领域广泛,涵盖了汽车工业、航空航天和工业自动化等多个行业。本章将通过具体的行业应用案例,深入分析机电一体化技术在这些领域中的实际应用和显著成效。在汽车工业中,机电一体化技术提高了生产效率和产品质量,推动了智能制造的发展;在航空航天领域,这一技术确保了飞行器的高精度控制和安全运行。

汽车工业

　　机电一体化技术是以工程系统作为基础,融合了计算机科学、电子技术等,不仅具有集成化的优势,也增强了相关技术的应用效果。机电一体化作为多种技术进行融合的新技术,其应用范围相对广泛,比如,可以引入汽车工业生产过程提高汽车生产阶段的控制精度,减少生产阶段的隐患问题,有助于保障汽车工业企业健康可持续发展。机电一体化技术的核心就是自动控制技术与信息处理技术,通过两者的相互配合,可以对生产过程的信息进行储存、分析等,有助于为管理人员提供数据参考,实现对汽车工业生产过程的一体化控制。同时,机电一体化技术也能实现生产过程智能化控制优势,比如,根据生产要求编制好运行方案后,机电一体化技术会按照相关方案要求严格执行,有助于保障汽车产品的生产精度,从而提高产品质量,有助于实现对产生过程问题的有效管控。

一、机电一体化技术在汽车工业中的应用优势

(一)加大汽车工业生产过程的控制力度

　　机电一体化技术的应用范围相对广泛,可以应用于汽车工业领域。比如,在汽车工业的生产控制过程中,借助机电一体化技术的优势可以加大生产过

程的控制力度，使生产过程更加精确化。同时，利用机电一体化技术还能有效降低汽车工业生产过程的难度，有助于避免生产过程发生意外情况。另外，在汽车工业中还涉及大量重复性生产环节，以往都需要依靠大量的人力参与生产，无疑提高了汽车工业的生产成本，而将机电一体化技术引入生产过程，可以有效摆脱大量人力资源投入，有助于达成汽车工业的生产要求。

（二）保障汽车工业生产过程的安全性

在汽车工业生产过程中，某些环节存在较高的危险性，如焊接、冲压和涂装等工艺。这些工艺环节不仅需要高精度地操作，还存在较高的安全风险。如果操作不当或处理不合理，会导致严重的人员伤亡事故。因此，保障生产过程的安全性是汽车工业的一项重要任务。机电一体化技术的引入，为提高汽车生产过程的安全性提供了有效的解决方案。

机电一体化技术通过先进的自动化控制和监控系统，将许多高危环节的操作从人力转移到机械设备上，显著降低了工人直接参与危险作业的概率。焊接机器人在汽车生产线上得到了广泛应用，这些机器人能够在高温、高电流等危险环境下进行精确焊接操作，大大降低了人工焊接的安全风险。同时，机器人焊接还提高了焊接质量和效率，确保了生产的一致性和稳定性。

在冲压和锻造工艺中，传统的手工操作不仅效率低，而且存在较高的安全隐患。机电一体化技术通过自动化冲压设备，实现了高效、安全的冲压操作。这些设备配备了先进的传感器和控制系统，能够实时监测和调整冲压参数，避免因操作失误或设备故障引发的事故。此外，自动化冲压设备还具备紧急停机功能，一旦检测到异常情况，系统能够迅速停止设备运行，防止事故进一步扩大。

涂装工艺中使用的喷涂设备和材料，通常具有一定的毒性和挥发性，长期接触会对工人的健康造成危害。机电一体化技术通过自动化喷涂系统，减少了工人直接接触有害物质的机会。自动化喷涂系统不仅能够精确控制涂料的用量和喷涂范围，提高涂装质量，还能够通过封闭式操作和排风系统，有效降低有害气体的扩散，保护工人的健康和安全。

此外，机电一体化技术还通过智能监控系统，提高了生产过程的安全性。这些系统利用传感器、摄像头和数据分析技术，实时监控生产线的运行状态，检测潜在的安全隐患。在生产线上安装的安全传感器可以实时检测设备的振动、温度和压力等参数，一旦超出安全范围，系统就会立即发出警报，并采取相应的安全措施。摄像头监控系统能够识别工人的不安全行为，并通过智能分析技术进行预警，提醒工人纠正操作行为，减少人为因素引发的安全事故。

通过将机电一体化技术引入汽车工业生产过程，能够有效提高生产过程的控制效率和安全性，减少人员伤亡事故的发生，从而保障汽车工业的稳定生产。这不仅有助于提高生产效率和产品质量，还能提高工人的工作环境和工作条件，增强企业的社会责任感和市场竞争力。随着技术的不断发展，机电一体化技术将在更多领域发挥其优势，为汽车工业的安全生产提供更加完善的解决方案。

（三）提高汽车工业产品的完善性

在汽车工业的产品生产过程中，传统的手工操作由于受限于人力的精度和一致性，常常无法及时发现和纠正生产中存在的问题，从而影响产品的质量和完善性。然而，将机电一体化技术引入汽车工业产品的生产阶段，可以显著提高生产过程的精确性和监控能力，确保产品的高质量和一致性。

机电一体化技术通过自动化和智能化设备的应用，能够实时监控和控制生产过程中的各个环节，及时发现和处理生产中的异常情况。数控机床（CNC）在汽车零部件加工中的应用，使得加工过程可以达到极高的精度和一致性。CNC机床利用预设的程序和传感器，能够精确控制刀具的位置和运动轨迹，确保每个零部件的加工尺寸和表面质量符合设计要求。与传统手工操作相比，CNC机床不仅提高了加工效率，还减少了人为误差，从而保障了零部件的高质量和一致性。在汽车装配过程中，机电一体化技术通过自动化装配线和机器人，提高了装配精度和效率。自动化装配线可以根据预设的程序和传感器数据，自动调整装配参数和操作步骤，确保每个装配环节的准确性。在发动机装配过程中，自动化装配线可以精确控制螺栓的扭矩、零部件的装配位置和顺序，从而避免了手工装配带来的错误和质量问题。此外，装配机器人通过视觉系统和力反馈系统，能够精确识别和处理各种装配任务，提高了装配精度和速度。

传统的质量检测往往依赖人工目视检查和测量，效率低且容易受人为因素影响。机电一体化技术通过自动化检测设备和系统，能够实现高效、准确的质量检测。三坐标测量机（CMM）在汽车零部件检测中的应用，可以通过探针和激光扫描，精确测量零部件的尺寸、形状和位置偏差，并将测量数据与设计标准进行对比，快速识别不合格产品。自动化检测设备不仅提高了检测效率和准确性，还可以实现在线检测和实时反馈，及时发现和纠正生产中的质量问题。

此外，机电一体化技术还通过数据采集和分析，提高了生产过程的透明度和可追溯性。通过传感器和数据采集系统，生产过程中的关键参数和操作记录可以实时采集和存储，为质量控制和问题追溯提供了可靠的数据支持。在车身焊接过程中，实时监控系统可以记录每个焊点的焊接电流、电压和时间等参数，一旦发现焊接质量问题，即可迅速追溯到具体的操作环节和参数设置，找出问题原因并进行改进。

通过引入机电一体化技术，汽车工业能够显著提高产品生产过程的精确性和控制能力，及时发现和处理生产中的异常情况，确保产品的高质量和一致性。机电一体化技术不仅提高了生产效率和产品质量，还增强了生产过程的透明度和可追溯性，有助于实现全面的质量管理和持续改进，提高汽车工业产品的完善性和市场竞争力。随着技术的不断发展，机电一体化技术将在汽车工业中发挥越来越重要的作用，推动行业向更加智能化和高效化的方向发展。

二、机电一体化技术在汽车工业中的具体应用

（一）自动变速系统

自动变速系统在现代汽车中起着至关重要的作用，通过精确控制变速器的运行，显著提高了汽车的动力性能、燃油经济性和驾驶舒适性。机电一体化技术的引入，使自动变速系统更加智能化和高效化，进一步提高了其控制效率，实现了对信息的高效处理和转化，从而保障了汽车的正常驾驶。

在传统的机械变速器中，驾驶员需要手动操作离合器和换挡杆来实现挡位的切换，这不仅增加了驾驶的复杂性和疲劳感，还由于操作不当而导致变速器的磨损和损坏。自动变速系统通过电子控制单元（ECU）实现了对变速器的自动化控制，消除了手动操作的烦琐，使驾驶更加省力和舒适。ECU根据发动机转速、车速、油门开度等参数，自动选择最佳挡位，确保发动机在最优工况下工作，从而提高了燃油经济性和动力性能。

机电一体化技术在自动变速系统中的应用，显著提高了其控制效率。先进的传感器技术能够实时采集和监控车辆运行的各项参数，如发动机转速、车速、油门位置和变速器温度等。这些数据通过高速总线传输到ECU，ECU根据预设的控制算法和逻辑，对挡位进行优化控制，确保变速器的平稳切换和高效运行。传感器数据的实时采集和高精度处理，使得变速系统能够快速响应驾驶员的操作和路况变化，提供更加平顺和舒适的驾驶体验。

通过智能控制算法和先进的执行机构，实现了对自动变速系统的精确控制。传统的液压控制系统由于响应速度慢和精度不高，难以满足现代汽车对变速器高性能和高可靠性的要求。而采用电子控制的机电一体化变速系统，通过电控液压执行器或电动执行器，能够快速、准确地调节挡位和换挡时间，确保变速器在各种工况下的最佳表现。智能控制算法还可以根据驾驶员的驾驶习惯和车辆的实际运行状态，动态调整变速策略，实现个性化的换挡控制，提高驾驶的舒适性和安全性。通过集成车辆行驶数据、道路环境信息和驾驶员意图等多维数据，自动变速系统能够进行综合分析和判断，提供更加智能和优化的变速控制。在爬坡或下坡时，系统能够根据车辆的负载和坡度自动选择合适的挡位，防止发动机过载或失速，提高行驶的安全性和稳定性。在紧急制动或加速时，系统能够快速切换挡位，提供最佳的动力输出和制动力，确保车辆的快速响应和安全控制。

自动变速系统在现代汽车中起着关键作用，机电一体化技术的引入，使其控制效果更加精确和高效。通过先进的传感器、智能控制算法和高效执行机构，自动变速系统能够实时监控和优化挡位控制，实现对信息的高效处理和转化，提高了汽车的动力性能、燃油经济性和驾驶舒适性。同时，智能化的变速控制提高了行驶的安全性，确保了车辆在各种工况下的最佳表现。随着技术的不断进步，机电一体化技术将进一步推动自动变速系统的发展，为汽车工业提供更加智能化和高效化的解决方案。

（二）ABS 系统

ABS 系统，即汽车制动防抱死系统，是现代汽车中关键的安全技术，通过防止车轮在紧急制动时抱死，从而保障车辆的可控性和安全性。随着交通状况的日益复杂，ABS 系统的作用不仅局限于后轮制动，现代汽车的前轮也配备了相应的制动装置。为了增强 ABS 在紧急制动中的应用效果，减少车辆的失控风险，机电一体化技术的引入显得尤为重要。

机电一体化技术在 ABS 系统中的应用，体现在制动力矩的精准计算和控制上。在紧急制动过程中，车辆各个车轮的制动力矩需要根据当前的路况、车辆速度和负载进行实时调整，以避免车轮抱死。机电一体化系统通过传感器采集各车轮的转速、制动压力和路面摩擦系数等数据，并将这些数据传输至 ECU。ECU 通过高速计算和分析，实时调整各车轮的制动力矩，确保制动力的合理分配。这样，在紧急制动时，即使驾驶员用力踩下制动踏板，系统也能智能调节制动力，防止车轮抱死，从而保证车辆的稳定性和可控性。

通过更高效的执行机构，如电子制动助力器和电磁阀，实现对制动系统的快速响应。传统的液压制动系统由于响应速度慢，难以在极短的时间内完成复杂的制动力调节。而采用电子控制的制动系统，则可以在毫秒级的时间内对制动压力进行精确调整。电子制动助力器能够根据 ECU 的指令快速改变制动助力，提供最佳的制动力输出。电磁阀则用于快速切换制动回路，调节各车轮的制动压力。这些高效的执行机构与传感器和 ECU 的协同工作，使得 ABS 系统能够在紧急情况下迅速、准确地调节制动力，避免车轮抱死和车辆失控。

智能控制算法进一步提高 ABS 系统的性能。智能控制算法能够根据车辆的运行状态和环境条件，动态调整 ABS 系统的控制策略。在湿滑或冰雪路面上，智能算法可以增加制动频率和控制精度，避免因路面摩擦系数低导致的制动距离过长和车辆失控。在高速公路上，智能算法可以优化制动力分配，确保车辆在高速行驶时的稳定性和安全性。此外，智能控制算法还可以学习驾驶员的制动习惯和车辆的运行特性，进行自适应调节，提高制动系统的整体性能和舒适性。

机电一体化技术在 ABS 系统中的应用，还能够实现与其他车辆安全系统的集成和协同工作。电子稳定控制系统（ESC）和牵引力控制系统（TCS）可以与 ABS 系统共享传感器数据和控制信号，进行综合控制。这样，当车辆在紧急制动时，不仅能防止车轮抱死，还能通过调整发动机输出和制动分配，进一步提高车辆的稳定性和可控性。这种系统间的协同工作，大大提高了车辆的整体安全性能，降低了交通事故的风险。

通过传感器数据采集、智能控制算法和高效执行机构，实现了制动力矩的精准计算和控制，有效防止了车轮抱死，提高了车辆的稳定性和安全性。随着技术的不断进步，机电一体化技术将在 ABS 系统及其他车辆安全系统中发挥更大的作用，推动汽车工业向更加智能化和安全化的方向发展。

（三）无人驾驶

无人驾驶技术已经成为汽车行业的前沿研究重点，尤其是其安全性问题备受关注和探讨。机电一体化技术在无人驾驶中的应用，可以大幅提高系统的稳定性和可靠性，从而保障无人驾驶功能的实现。

传统的汽车控制系统通常依赖开环校准系统，无法实时调整和反馈操作结果，这在无人驾驶环境中存在很大的局限性。闭环伺服系统则通过实时监测和反馈，使得系统能够根据环境变化和传感器数据进行动态调整，确保操作的准确性和稳定性。闭环伺服系统可以实时监测车辆的行驶状态，调整方向盘角度、加速度和制动力度，确保车辆按照预定的路径行驶，并在遇到障碍物时及时避让。

通过整合先进的传感器和通信技术，显著提高了信息传输的时效性和安全性。无人驾驶汽车需要处理大量的传感器数据，包括激光雷达、摄像头、超声波传感器和 GPS 等，这些数据的实时采集和处理对于车辆的安全运行至关重要。机电一体化系统通过高速数据总线和高效数据处理单元，能够在毫秒级的时间内完成数据的采集、传输和处理，确保车辆在高速行驶时也能保持对环境的准确感知和快速响应。

车辆在行驶过程中，各种控制信号的准确传递和执行直接关系到车辆的安全。机电一体化系统通过冗余设计和故障检测机制，提高了信号传输的可靠性。在自动驾驶过程中，转向、加速和制动等关键控制信号会通过多条独立的通信通道传输，即使其中一条通道发生故障，系统仍能通过其他通道完成信号传递，确保车辆的正常运行。此外，机电一体化技术还采用加密通信和安全认证机制，防止信号被恶意篡改或干扰，保障无人驾驶系统的安全性。

无人驾驶汽车不仅需要高效的控制和通信系统，还需要智能的决策和规划能力。机电一体化技术通过集成人工智能算法和机器学习技术，提高了车辆的自主决策能力。无人驾驶系统可以通过深度学习算法，分析大量的驾驶数据，学习和优化驾驶策略。系统可以根据实时交通状况、道路条件和行驶规则，动态调整车辆的行驶路线，优化交通流量，减少交通拥堵，提高行驶效率。机器学习算法还能够识别和预测潜在的危险情况，如前方车辆突然变道或行人横穿马路，提前采取避让措施，确保行车安全。

机电一体化技术在无人驾驶汽车中的应用，通过闭环伺服系统、先进传感器和通信技术的整合，以及人工智能算法的引入，实现了对信息传输时效性、安全性的保障和对信号控制力度的加强，从而推动了无人驾驶技术的发展和落地应用。这不仅提高了无人驾驶汽车的稳定性和安全性，也为未来智能交通系统的建设奠定了坚实的基础。随着技术的不断进步，机电一体化技术将在无人驾驶领域发挥越来越重要的作用，为实现更加安全、高效和智能的交通出行提供有力支持。

（四）激光测距雷达系统

测距激光雷达主要被安装在汽车的前端，雷达发散的激光光束在遇到障碍物之后便会发散，激光测距雷达系统则会捕捉发散信号，进而计算出汽车与检测到的障碍物的距离，对障碍物的位置信息和移动信息进行持续监测和跟踪，进而判断出障碍物为静态障碍物还是动态障碍物，计算出动态障碍物的运行速度和实时距离变化，得到障碍物的运行轨迹，并预判障碍物是否会与行驶汽车发生碰撞，最终通过显示屏和声音系统提示驾驶人调整车辆运行速度、运行方向，如果出现意外情况，系统还会自动触发报警装置。但是激光测距雷达在汽车激光测距雷达系统中的应用也存在部分局限性，最为显著的便是会受到天气条件和大气条件的影响，具体表现在晴天传播距离较远，在雨天、阴天、大风天、雾天传播距离会降低。$10.6\mu m$ 波长的二氧化碳激光是众多类型激光光束中传播性能较为良好、传播距离较远的，但是，此激光光束在晴天状态下的传播距离是恶劣天气状态下的传播距离的 6 倍；而在地面，这一比例则会扩大到 10 ~ 20 倍。

三、机电一体化技术在汽车工业中的应用建议

汽车工业企业在工业生产中引入机电一体化技术，应结合机电一体化技术的特点完善应用方案，以保障机电一体化技术的应用效果。

（一）推动工业转型创新

要想让机电一体化技术在汽车工业中得到有效应用，汽车工业企业可以从工业转型创新着手，结合自身的实际情况制订转型规划方案，明确机电一体化技术在汽车工业中的应用要点。同时，应基于机电一体化技术制订明确的应用方案，包括应用流程、应用职责等，从而提高机电一体化技术在汽车工业中的应用水平。比如，机电一体化技术可以与无人驾驶技术结合，通过机电一体化技术对汽车正常运转过程中各个方面信息反馈情况的考虑有助于提高信息传输时效性和安全性，从而加大对信号的控制力度。

工业转型创新是推动机电一体化技术在汽车工业中应用的关键。汽车工业企业需要根据市场需求和技术发展趋势，制订详细的转型规划方案。该方案应明确机电一体化技术的应用目标、实现路径和时间节点。企业需要评估自身的技术基础和资源，确定需要引进和开发的关键技术和设备，同时培养相关技术人才，确保转型过程的顺利进行。

明确机电一体化技术在汽车工业中的应用要点是成功应用的基础。机电

一体化技术在汽车工业中的应用涉及多个方面，包括汽车电子控制系统、智能驾驶辅助系统、自动化生产线等。企业需要详细分析各个应用领域的技术需求和难点，制订针对性的技术方案。例如，在无人驾驶技术的应用中，机电一体化技术可以实现对车辆各个系统的实时监控和反馈，确保车辆在各种复杂路况下的安全行驶。

在制订应用方案时，企业应明确应用流程和职责分工。应用流程包括技术引进、系统集成、测试验证和推广应用等环节。每个环节都需要明确的职责分工和协调机制，确保各部门密切合作，共同推动机电一体化技术的应用。例如，在系统集成过程中，电子控制系统部门和机械设计部门需要紧密合作，确保电子控制单元与机械执行机构的完美结合。

提高机电一体化技术在汽车工业中的应用水平，还需要借鉴优秀案例经验。通过分析和学习国内外成功应用的案例，企业可以获取宝贵的经验和教训，避免走弯路。例如，某些领先的汽车制造企业在无人驾驶技术和智能制造方面已经积累了丰富的经验，企业可以通过参观考察、技术交流等方式，学习这些企业的成功经验，结合自身实际情况，制定适合的应用路径。

机电一体化技术与无人驾驶技术的结合，是提高汽车工业智能化水平的重要方向。通过机电一体化技术对汽车正常运转过程中各个方面信息的实时反馈，可以大幅提高信息传输的时效性和安全性。例如，车辆的速度、方向、障碍物检测等信息可以通过机电一体化系统实时传输到中央控制单元，确保无人驾驶系统能够及时做出反应，提高行车安全性。此外，机电一体化技术还可以实现对信号的精确控制，确保车辆在各种复杂工况下的稳定运行。

在实际结合过程中，汽车工业企业应做好规划部署，确保每个环节都能够高效执行。例如，在无人驾驶系统的研发和应用中，企业需要建立完善的测试和验证体系，通过模拟实验、道路测试等方式，不断优化和完善系统性能，确保系统的可靠性和安全性。此外，企业还应加强与技术供应商、科研机构的合作，推动技术创新和应用，共同提高机电一体化技术在汽车工业中的应用水平。

推动机电一体化技术在汽车工业中的有效应用，企业需要从工业转型创新入手，制订详细的转型规划和应用方案，明确应用流程和职责，借鉴优秀案例经验，提高技术应用水平。通过机电一体化技术与无人驾驶技术的结合，企业可以实现对汽车各系统的实时监控和精确控制，提高信息传输的时效性和安全性，推动汽车工业的智能化和可持续发展。

（二）加强应用管理

在汽车工业中有效应用机电一体化技术，需要加强应用管理，制定针对性的管理措施，并结合机电一体化技术的特点进行全面考量。管理措施包括奖惩措施、监督措施和考核措施，通过这些措施及时发现生产中存在的问题，确保机电一体化技术得到有效应用。

制定奖惩措施能够激发员工的积极性和创造力。在应用机电一体化技术的过程中，员工的主动性和创新能力是关键因素。企业通过设立奖励机制，对在技术应用过程中表现突出的员工给予奖励，激励员工积极参与技术创新和改进。同时，对未能达到预期效果或造成技术应用问题的行为进行相应的惩罚，促使员工在工作中更加认真负责。例如，对于提出有效改进建议的员工给予奖金或晋升机会，对于在操作过程中造成设备损坏的员工进行培训或其他处罚措施。

企业应建立完善的监督体系，对技术应用的各个环节进行实时监控和评估。通过引入先进的监控设备和系统，企业可以实时获取生产数据，及时发现和解决技术应用中存在的问题。例如，利用物联网技术和数据分析工具，监控生产线上的设备运行状态、生产效率和故障率，及时进行调整和维护，确保生产过程的顺畅和高效。同时，通过定期审查和报告机制，确保各部门和员工严格按照技术要求和操作规范进行工作。

企业应制定科学的考核标准和指标，对机电一体化技术的应用效果进行定期评估。考核内容应包括生产效率、产品质量、设备利用率、故障率等方面，通过数据分析和对比，全面了解技术应用的实际效果。根据考核结果，企业可以发现技术应用中的不足，并制定相应的改进措施，不断提高机电一体化技术的应用水平。例如，对生产线上的每台设备进行性能考核，评估其运行效率和故障率，及时发现需要维修或升级的设备，确保整个生产系统的高效运行。

从责任管理的角度出发，明确机电一体化技术在各个环节中的应用职责，也是保障技术有效应用的关键。企业应明确各部门和岗位在技术应用中的具体职责，确保每个环节都有专人负责。例如，在生产环节中，操作人员负责设备的日常操作和维护，技术人员负责设备的调试和优化，管理人员负责整体协调和监督。通过明确职责分工，确保各项工作有条不紊地进行，避免职责不清导致的推诿和管理混乱。同时，企业应加强对操作人员和管理人员的培训，提高他们对机电一体化技术的认识和操作技能，确保他们能够熟练掌握技术要求和操作规范。

为了提高操作人员和管理人员对机电一体化技术的认识，企业可以组织定期的培训和技术交流活动。通过邀请专家讲座、参观学习、技术研讨等方式，不断提高员工的技术水平和管理能力。例如，定期举办机电一体化技术培训班，帮助操作人员掌握最新的技术知识和操作技能；组织技术交流会，分享技术应用中的经验和教训，促进技术创新和改进。

汽车工业企业在应用机电一体化技术时，应注重应用管理，通过制定奖惩措施、监督措施和考核措施，及时发现生产中存在的问题，确保技术的有效应用。同时，从责任管理的角度出发，明确各个环节的应用职责，提高操作人员和管理人员的认识和技能。通过这些措施，企业可以实现机电一体化技术的高效应用，推动汽车工业的智能化和可持续发展。

（三）加强自身信息化建设

机电一体化技术的有效应用离不开信息化建设，这也要求汽车工业企业应从自身信息化建设角度出发，通过推进信息化建设的方式来提高机电一体化技术的应用水平。信息化建设为机电一体化技术提供了坚实的基础和保障，使企业能够更高效、更精确地管理和应用技术，实现智能制造和可持续发展。

基于机电一体化技术运用创设数字化平台是提升信息化建设水平的重要手段。数字化平台通过集成各类生产、设计和管理信息，使得企业能够对机电一体化技术的应用过程进行全面监控和管理。在设计阶段，数字化平台可以集成 CAD、CAE 等设计工具，实时监控设计进度和质量，确保设计的准确性和高效性。在生产阶段，数字化平台能够通过物联网技术实时采集生产设备的运行数据，监控生产过程中的各项参数，及时发现并解决生产中的问题。例如，利用数字化平台监控生产线上的机电一体化设备运行状态，当设备出现异常时，系统可以自动报警并生成故障诊断报告，帮助维修人员快速定位和解决问题，从而减少停机时间，提高生产效率。

在信息化建设过程中，企业需要注重对软硬件设备进行定期运维，确保系统的稳定运行和数据的准确性。定期运维包括系统软件的更新和优化、硬件设备的检查和维护等。通过定期对系统软件进行更新，可以确保系统功能的完善和提高安全性，避免因软件漏洞或功能缺失导致的系统故障或安全风险。硬件设备的定期检查和维护，能够及时发现并修复设备故障，延长设备使用寿命，提高设备的可靠性。例如，对生产线上使用的传感器、控制器等关键设备进行定期校准和维护，确保其测量精度和响应速度，从而保障生产过程的顺畅和高效。

信息化建设还需要建立完善的数据管理和分析体系。通过数据管理系统，企业可以对各类生产和管理数据进行集中存储和管理，确保数据的完整性和一致性。数据分析系统可以对收集到的海量数据进行深入分析，挖掘其中的规律和趋势，帮助企业优化生产和管理流程，提高决策的科学性和准确性。例如，通过分析生产数据，企业可以识别出生产过程中的"瓶颈"和薄弱环节，制定有针对性的改进措施，提高整体生产效率和质量。同时，通过对设备运行数据的分析，企业可以进行预测性维护，提前发现设备潜在故障，避免因设备故障导致的生产停滞和经济损失。

随着信息化程度的不断提高，企业面临的网络安全风险也在增加。企业应建立完善的网络安全体系，采取有效的安全措施保护系统和数据安全。例如，采用防火墙、入侵检测系统等技术手段，防止网络攻击和数据泄漏；定期进行安全审计和风险评估，及时发现并消除安全隐患。同时，企业还需要加强员工的信息安全意识教育，提高员工的安全防范能力，确保信息安全和隐私保护措施落实到位。

信息化建设需要与企业的战略发展目标和业务流程紧密结合。企业应根据自身的发展需求和实际情况，制订信息化建设规划和实施方案，明确信息化建设的目标、步骤和时间节点。在实施过程中，企业应不断优化和调整信息化建设方案，确保信息化建设与企业发展同步推进。例如，在推进智能制造的过程中，企业可以通过信息化建设，实现生产过程的自动化、智能化和精细化管理，提高生产效率和产品质量，增强市场竞争力。

机电一体化技术的有效应用离不开信息化建设。通过创设数字化平台、定期运维软硬件设备、建立数据管理和分析体系，以及加强信息安全和隐私保护，汽车工业企业可以全面提高机电一体化技术的应用水平。信息化建设不仅为机电一体化技术提供了有力支持，还推动了企业的智能制造和可持续发展，实现了技术应用与企业发展的有机结合。

机电一体化技术在汽车工业中的应用涉及多种技术和设备，随着相关技术和设备的不断完善，机电一体化的应用也在不断完善，计算机系统的发展更是给机电一体化在汽车工业中的应用提供了技术支持。同时，机电一体化的应用也切实提高了汽车的舒适程度和品质，有利于汽车生产朝智能化方向发展。

航空航天

机电一体化技术在航空航天领域的应用显著提高了飞行器的性能、可靠性和安全性。该技术通过将机械系统、电气系统和电子系统进行有机结合，实现了高效的控制和管理，涵盖了飞行控制、推进、导航、通信和监测等多个方面。

一、飞行控制系统

飞行控制系统是确保飞行器稳定性和操控性的核心技术。在航空航天领域，传统的机械控制系统已逐渐被先进的机电一体化控制系统取代。这种转变显著提高了飞行器的性能和安全性。现代飞行控制系统采用闭环伺服控制，通过实时监测飞行器的姿态、速度和加速度等参数，精确控制飞行器的舵面和推力，从而确保飞行器在各种复杂环境中的稳定飞行。

（一）闭环伺服控制系统

闭环伺服控制系统是现代飞行控制系统的核心技术。该系统通过传感器实时采集飞行器的姿态、速度、加速度和外部环境等数据，将这些数据传输到飞行控制计算机。飞行控制计算机根据预设的控制算法，对舵机和发动机的参数进行实时调整，确保飞行器按预定轨迹飞行。闭环伺服控制的优势在于其高精度和快速响应能力，可以实时修正飞行器的飞行姿态和轨迹，保证飞行器的稳定性和安全性。

（二）传感器和数据传输

现代飞行控制系统依赖多种传感器的精确数据采集。这些传感器包括加速度计、陀螺仪、气压高度计和 GPS 等。加速度计和陀螺仪用于测量飞行器的加速度和角速度，气压高度计测量飞行高度，GPS 提供精确的位置和速度数据。这些传感器的数据通过高速数据总线传输到飞行控制计算机，实现实时数据处理和反馈控制。

（三）自动驾驶仪系统

自动驾驶仪系统是机电一体化技术在飞行控制中的一项重要应用。该系统能够实现飞行器的自动起飞、巡航和着陆，显著提高了飞行效率和安全性。

在起飞阶段，自动驾驶仪根据传感器数据，自动调整发动机推力和舵面的角度，确保飞行器顺利升空。在巡航阶段，系统通过整合 GPS、惯性导航系统和气压高度计等多种传感器的数据，实时调整飞行姿态和航线，确保飞行器按照预定航路飞行。在着陆阶段，自动驾驶仪根据地面导航信号和飞行器的状态，精确控制下降速度和角度，确保飞行器安全着陆。

（四）实时数据处理与控制算法

飞行控制系统的实时数据处理与控制算法是确保飞行器稳定性和安全性的关键。飞行控制计算机通过高速处理传感器数据，根据预设的控制算法，实时计算舵面和发动机的最佳控制参数。现代控制算法包括 PID 控制、模糊控制、自适应控制和智能控制等。这些算法能够处理复杂的飞行状态和环境变化，确保飞行器在各种情况下的稳定飞行。

PID 控制是一种经典的控制算法，通过比例、积分和微分三种调节方式，实现对飞行器姿态和速度的精确控制。模糊控制适用于非线性和不确定性系统，通过模糊逻辑处理复杂的控制问题。自适应控制能够根据飞行器姿态的变化，自动调整控制参数，适应不同的飞行条件。智能控制结合了人工智能技术，通过机器学习和优化算法，提高了控制系统的自学习和自适应能力。

飞行控制系统是确保飞行器稳定性和操控性的核心技术，现代机电一体化控制系统通过闭环伺服控制、传感器数据采集与处理、自动驾驶仪系统和智能控制算法的结合，显著提高了飞行器的性能和安全性。随着技术的不断发展，飞行控制系统将在更广泛的航空航天应用中发挥关键作用，为飞行器的自主飞行、精确控制和智能管理提供坚实的技术基础。

二、推进系统

推进系统是飞行器的动力源，其性能和可靠性直接决定了飞行器的整体性能。机电一体化技术在提高推进系统效率和可靠性方面发挥了重要作用，尤其在现代航空发动机和火箭推进系统中，机电一体化技术的应用显著优化了燃烧效率、推力输出和控制精度。

（一）现代航空发动机

现代航空发动机广泛采用电子控制的燃油喷射系统和涡轮控制系统。这些系统通过精确调节燃油喷射量和涡轮转速，优化了燃烧效率和推力输出。机电一体化技术在其中的应用包括以下几个方面。

1. 燃油喷射系统

传统的机械式燃油喷射系统由于受限于机械部件的精度和响应速度，难以实现精确的燃油控制。电子控制燃油喷射系统利用传感器实时监测发动机的运行状态，包括温度、压力和转速等关键参数。传感器的数据通过高速数据总线传输到电子控制单元（ECU），ECU 根据预设的控制算法，动态调整燃油喷射量，确保燃油在最佳时机和最佳位置喷入燃烧室，从而提高燃烧效率和推力输出。

2. 涡轮控制系统

涡轮转速和角度的精确控制对航空发动机的性能至关重要。机电一体化技术通过电子控制系统，实时调整涡轮的工作状态。涡轮叶片角度调整系统可以根据飞行条件和发动机负载，动态调整叶片角度，优化气流通过涡轮的效率，进一步提高发动机的推力输出和燃油效率。

3. 传感器和数据处理

传感器是现代航空发动机中不可或缺的部分，它们实时监测发动机的温度、压力、转速和振动等参数。这些数据被传输到 ECU，ECU 利用先进的数据处理和控制算法，对发动机参数进行精确调整，防止发动机过热、过载等不安全情况的发生，从而延长发动机的使用寿命。

（二）火箭推进系统

在火箭推进系统中，机电一体化技术同样重要。火箭发动机的推力控制和姿态调整需要高度精确和实时的控制，电子控制系统通过调节燃料供给和喷嘴角度，实现对推力的精确控制，确保火箭按照预定轨道飞行。

1. 推力控制

火箭发动机的推力控制是火箭飞行的关键。机电一体化技术通过电子控制系统，精确调节燃料和氧化剂的供给比例，控制燃烧室内的压力和温度，从而精确控制推力输出。传感器实时监测燃烧室和喷嘴的温度、压力和燃烧速率等参数，电子控制系统根据这些数据动态调整燃料供给和喷嘴角度，确保推力稳定和精确。

2. 姿态控制

火箭在飞行过程中需要进行姿态调整，以确保其沿着预定轨道飞行。机电一体化技术通过伺服控制系统，精确控制姿态调整部件，如推力矢量控制装置和姿态控制推进器。推力矢量控制装置通过调节喷嘴的角度，实现推力方向的改变，姿态控制推进器则通过小型推进器的推力调整，实现火箭的姿态修正。传感器实时监测火箭的姿态和位置，控制系统根据这些数据实时调整姿态控制部件，确保火箭的飞行路径和姿态稳定。

3. 故障检测与安全保障

火箭推进系统的复杂性和高风险性要求机电一体化技术具备强大的故障检测与安全保障能力。传感器网络实时监测火箭各部件的工作状态，一旦检测到异常情况，系统能够迅速分析并采取应急措施。在燃料供应系统中，传感器监测燃料流量和压力，电子控制系统通过数据分析，及时发现并处理燃料供应异常，防止燃烧不稳定和推力波动。同时，机电一体化技术还具备自动故障诊断和预警功能，提前发现潜在问题，进行预防性维护，保障火箭的安全发射和飞行。

机电一体化技术在现代航空发动机和火箭推进系统中的应用，通过精确调节燃油喷射、涡轮控制、推力控制和姿态调整，显著提高了推进系统的效率和可靠性。传感器和电子控制系统的实时监测与动态调整，确保了发动机和火箭在各种飞行条件下的最佳性能。随着技术的不断进步，机电一体化技术将在航空航天推进系统中发挥越来越重要的作用，推动飞行器性能的不断提高，为航空航天事业的发展提供坚实的技术支持。

三、导航与通信系统

导航和通信系统是航空航天器实现自主飞行和任务执行的关键。机电一体化技术在这些系统中的应用，显著提高了导航的精度和通信的稳定性，从而保障了飞行器在复杂环境中的高效运行。

（一）高精度导航系统

高精度导航系统是航空航天器自主飞行的基础。机电一体化技术通过集成多种导航传感器，提供了极高的定位和导航精度。

1. GPS 与惯性导航系统结合

GPS 提供全球范围的位置信息，但其信号在复杂环境中受到干扰或遮挡。惯性导航系统（INS）则通过加速度计和陀螺仪，提供短期高精度的速度和位置信息。将 GPS 与 INS 结合，利用各自的优势，实现互补和增强。机电一体化技术通过高效的数据融合算法，将 GPS 的长期精度与 INS 的短期精度结合起来，确保飞行器在任何环境下都能进行精确的定位和导航。

2. 多传感器融合

除了 GPS 和 INS，现代飞行器还配备了气压高度计、磁力计、光学传感器和激光雷达等多种传感器。这些传感器的数据通过机电一体化系统进行融合处理，进一步提高导航精度。气压高度计提供的高度信息可以与 GPS 高度进行校正，光学传感器和激光雷达可以提供精确的地形和障碍物信息，帮助飞行器进行精准导航和避障。

（二）稳定的通信系统

稳定可靠的通信系统是航空航天器与地面控制中心保持联系，接收指令和传输数据的关键。机电一体化技术通过整合多种通信模块，确保了通信的连续性和稳定性。

1. 卫星通信

卫星通信系统提供了全球范围内的通信能力，尤其适用于远距离和跨地域的飞行任务。机电一体化技术通过集成卫星通信模块，实现了飞行器与地面控制中心的实时数据传输。卫星通信系统的高带宽和低延时特点，确保了数据传输的效率和稳定性。

2. 无线电通信

无线电通信系统用于近距离和中距离的通信，适用于飞行器在大气层内飞行时的实时数据交换。机电一体化技术通过高效的无线电传输模块，确保了飞行器与地面站之间的稳定通信。在飞机的起飞和降落阶段，无线电通信可以提供高频率的实时数据传输，确保飞行器的安全操作。

3. 光纤通信

在某些特殊任务中，光纤通信提供了高带宽和高抗干扰能力。机电一体化技术通过光纤通信模块，实现了大容量数据的高速传输。在某些卫星应用中，光纤通信用于传输高分辨率图像和视频数据，确保数据的完整性和保密性。

（三）卫星应用中的姿态控制和轨道调整

在卫星应用中，机电一体化技术显著提高了卫星的姿态控制和轨道调整的精度和可靠性。卫星在轨道上运行，需要精确的姿态控制以保持预定的工作位置和姿态，确保通信和观测任务的顺利进行。

1. 电动推力器

电动推力器通过精确控制推力输出，实现对卫星轨道的微调。机电一体化技术通过传感器实时监测卫星的位置和轨迹，电子控制系统根据这些数据动态调整推力器的工作状态，确保卫星保持在预定轨道上。

2. 反应轮

反应轮是用于控制卫星姿态的高效装置。通过改变反应轮的转速，可以调整卫星的角动量，实现姿态控制。机电一体化技术通过精确的控制算法，实时调整反应轮的转速和方向，确保卫星的姿态稳定和精确。在对地观测任务中，卫星需要保持特定的姿态以确保观测设备对准目标区域。反应轮的精确控制使得卫星能够在微小的角度范围内进行调整，保证完成观测任务。

3. 姿态控制与轨道维护的协同工作

机电一体化技术在卫星姿态控制与轨道维护的协同工作，进一步提高了卫星的可靠性和工作效率。传感器实时监测卫星的姿态和轨道参数，控制系统综合分析这些数据，协调电动推力器和反应轮的工作，确保卫星在轨道和姿态上的双重稳定。在轨道转移过程中，电动推力器进行轨道调整的同时，反应轮保持卫星姿态的稳定，确保整个过程的顺利进行。

机电一体化技术在导航和通信系统中的应用，通过集成多种导航传感器和通信模块，提供了高精度的导航和稳定的通信保障。GPS 与 INS 的结合、多传感器融合技术和先进的数据处理算法，确保了飞行器在任何环境下的精确定位和导航。卫星通信、无线电通信和光纤通信系统的整合，确保了飞行器与地面控制中心的实时数据传输和指令接收。机电一体化技术在卫星姿态控制和轨道调整中的应用，显著提高了卫星的精度和可靠性，确保了通信和观测任务的顺利进行。随着技术的不断进步，机电一体化技术将在航空航天领域发挥越来越重要的作用，为飞行器的自主飞行和任务执行提供坚实的技术支持。

四、监测与故障诊断

机电一体化技术在航空航天器的监测与故障诊断中发挥了关键作用。先进的传感器和数据采集系统能够实时监测飞行器的各项关键参数，如温度、压力、振动和电流等。一旦监测到异常情况，系统会迅速分析故障原因并采取相应措施，防止事故发生。故障诊断系统通过实时数据分析和故障预测，提前发现潜在问题，进行预防性维护，提高飞行器的可靠性和安全性。

飞机发动机的健康管理系统利用机电一体化技术，通过对发动机运行数据的实时监测和分析，及时发现并处理发动机的异常情况，防止严重故障的发生。在火箭发射过程中，实时监测系统能够监控火箭各部件的工作状态，一旦发现问题，立即发出警报并采取紧急措施，确保发射任务的安全。

五、人机界面与自动化

（一）现代飞行器的人机界面技术

现代飞行器的驾驶舱已经从传统的仪表和手动控制发展到采用先进的人机界面技术。这些技术包括触摸屏、语音识别和智能提示，旨在提供直观、便捷的操作体验，减轻飞行员的工作负担，提高飞行效率和安全性。

1. 触摸屏技术

触摸屏技术在飞行器驾驶舱中的应用，简化了飞行操作。飞行员通过触摸屏可以直接控制导航、通信和飞行参数的设置，减少了对物理按钮和开关的依赖。这种直观的操作方式不仅提高了效率，还降低了误操作的风险。现代客机如波音787和空客A350的驾驶舱中，广泛采用了大型触摸屏，飞行员可以轻松查看和操作各种飞行数据和控制选项。

2. 语音识别技术

语音识别技术为飞行员提供了另一种便捷的操作方式。在飞行过程中，飞行员可以通过语音指令控制各种飞行功能，如调整飞行高度、改变航向或呼叫地面控制。这种无接触的操作方式特别适用于高负荷和紧急情况下，能够有效减少飞行员的操作压力，提高操作的精确性和反应速度。

3. 智能提示系统

智能提示系统通过实时分析飞行数据和环境信息，为飞行员提供关键操作提示和警告。当飞行器进入复杂的气象条件或接近飞行限制时，智能提示系统会发出警告并建议飞行员采取相应的操作措施。这些提示不仅提高了飞行安全性，还帮助飞行员在复杂和紧急情况下做出快速、准确的决策。

（二）自动化系统在飞行器中的应用

自动化系统通过集成多种控制和监测功能，显著提高了飞行器的操作效率和安全性。现代飞行器配备了自动驾驶系统、自动着陆系统和自动故障检测系统等。

1. 自动驾驶系统

自动驾驶系统能够在飞行的各个阶段接管飞行器的操作，从起飞、巡航到降落。通过整合导航、控制和传感器数据，自动驾驶系统可以精确控制飞行器的飞行路径和参数，确保飞行的稳定性和安全性。飞行员只需进行监控和在必要时进行干预，大大减轻了工作负担，提高了飞行效率。

2. 自动着陆系统

自动着陆系统在恶劣天气条件下或能见度低的情况下尤为重要。该系统通过精确控制飞行器的下降轨迹和速度，实现平稳着陆。自动着陆系统的应用不仅提高了着陆的安全性，还减少了飞行员在关键时刻的操作压力。许多现代客机已经具备在机场相应设备进行全自动着陆的能力。

3. 自动故障检测和管理系统

自动故障检测系统通过实时监测飞行器的各个子系统，能够迅速发现和诊断故障。系统通过传感器数据分析，识别异常情况并提出相应的处理措施。自动故障管理系统可以自动采取应急措施，如调整飞行参数或切换备用系统，确保飞行安全。自动发动机管理系统能够在发动机出现异常时自动调整其他发动机的推力，确保飞行器的正常飞行。

（三）无人机和无人航天器的自动化控制

无人机和无人航天器是机电一体化技术在航空航天中的重要应用，通过自动化控制系统，这些飞行器能够自主执行复杂任务。

1. 无人机

无人机可以在没有人为干预的情况下，完成侦察、监视、运输等任务。自动化控制系统使无人机能够自主飞行、避障，进行目标识别和跟踪。无人机的自主控制能力，使其在军事和民用领域具有广泛应用。军事无人机可以进行长时间的高空侦察和战术打击，民用无人机则用于快递配送、农田监测和环境保护等任务。

2. 无人航天器

无人航天器在科学探测和实验任务中发挥了重要作用。自动化控制系统使无人航天器能够自主进行轨道调整、姿态控制和科学实验。火星探测器在火星表面进行自主导航和科学实验，传回大量宝贵的科学数据。无人航天器的自主能力大大扩展了人类探索太空的范围和能力，能够进行长时间、高风险的任务，如小行星采样和深空探测。

机电一体化技术在提高航空航天器的人机界面和自动化水平方面发挥了

重要作用。通过触摸屏、语音识别和智能提示，现代飞行器的驾驶舱提供了直观、便捷的操作体验，减轻了飞行员的工作负担。自动化系统集成多种控制和监测功能，提高了飞行效率和安全性。无人机和无人航天器通过自动化控制系统，实现了复杂任务的自主执行，扩展了人类探索太空的能力。随着技术的不断进步，机电一体化技术将在航空航天领域发挥越来越重要的作用，推动行业向更加智能化和高效化的方向发展。

　　机电一体化技术在航空航天中的应用，通过提高飞行控制、推进、导航、通信和监测系统的性能，显著提高了飞行器的可靠性、安全性和效率。通过先进的传感器、控制算法和执行机构的有机结合，机电一体化技术为航空航天器的自主飞行、精确控制和智能管理提供了坚实的技术基础。随着技术的不断进步，机电一体化技术将在航空航天领域发挥越来越重要的作用，推动航空航天器向更高效、更智能的方向发展，为人类的飞行探索和科学研究提供更强大的支持。

第六章　机电一体化在消费电子中的应用

机电一体化技术在消费电子领域的应用，极大地推动了智能家居、移动设备和娱乐电子产品的发展。通过将机械系统、电气系统和电子系统有机结合，机电一体化技术不仅提高了产品的功能和性能，还提高了用户体验和生活质量。在智能家居中，机电一体化技术实现了家电设备的自动化控制和智能化管理，带来了更加便捷和舒适的生活环境。在移动设备中，该技术提高了设备的性能和多功能性，使得智能手机和平板电脑成为人们日常生活和工作中不可或缺的工具。在娱乐电子产品中，机电一体化技术带来了更加丰富和逼真的娱乐体验，推动了虚拟现实、游戏设备和智能电视等产品的创新和发展。随着技术的不断进步，机电一体化将在消费电子领域继续发挥重要作用，推动行业向更加智能化和人性化的方向发展。

智能家居

智能家居系统通过自动化、智能化的手段满足了人们的舒适、便利、安全的生活需求。机电一体化技术在智能家居系统设计中起到了至关重要的作用。本节将详细探讨基于机电一体化技术的智能家居系统设计方案，旨在为人们提供高效、可靠、安全、便捷的智能家居系统。

一、智能家居系统的概念与特点

智能家居系统是一种以"智能"技术为基础，通过对网络、家居设备及智能硬件的集成与控制，实现家居的高度自动化、智能化管理的新型家居系统。智能家居系统不仅能自动完成家居设备的开关、环境控制、情景场景模拟等功能，还能通过互联网与其他智能家居系统进行联动，实现多系统协调配合、互动控制的智能家居系统。智能家居系统具有以下几个特点。

（一）自动化

智能家居系统通过集成感知、处理和控制技术，实现了对家居环境的智能化管理。传感器技术使得系统能够实时监测和感知家庭环境的各种参数，如温度、湿度、空气质量和照明等。基于这些数据，智能家居系统能够自动调整相应的设备和参数，提供舒适且节能的居住环境。此外，智能家居系统还可以实现家居设备之间的联动控制，进一步提高家庭生活的便利性和智能化程度。

1. 传感器技术与实时监测

传感器技术是智能家居系统的基础，能够实时获取环境数据，为系统的智能决策提供支持。主要传感器包括以下几种。

（1）温度传感器

监测室内外温度，帮助调节空调、暖气等设备，保持适宜的室温。

（2）湿度传感器

监测空气湿度，控制加湿器或除湿机，维持舒适的湿度水平。

（3）空气质量传感器

监测空气中的污染物，如PM2.5、二氧化碳等，控制空气净化器，确保室内空气清新。

（4）光纤传感器

监测环境光线强度，自动调整照明设备的亮度，节约能源并提高舒适度。

通过这些传感器，智能家居系统能够实时了解家居环境的状态，并根据预设的参数或用户偏好，自动调整相关设备，提供最佳的居住体验。

2. 自动调整与节能

智能家居系统能够根据传感器数据，自动调整家居设备的参数，实现节能和舒适性的双重目标。

（1）智能恒温控制

根据温度传感器的数据，智能调节空调和暖气的工作模式和温度设置，既保持室内温度舒适，又减少不必要的能源消耗。

（2）智能照明

根据光线传感器的数据，自动调节灯光的亮度和颜色。白天利用自然光，减少电灯使用；夜晚根据活动需求提供合适的照明，提高生活质量。

（3）智能通风

通过空气质量传感器的数据，自动开启或关闭窗户和排风扇，确保室内空气质量良好，减少开窗通风时的能量损失。

这些自动化调整不仅提高了家居的舒适度，还显著降低了能源消耗，促进了环境保护。

3. 应用范围与解决方案

智能家居系统的应用范围广泛，为居家生活、养老和安全等提供了有效的解决方案。

（1）居家生活

智能家居系统通过自动化调节和设备联动，提高了家庭生活的舒适度和便利性。智能厨房设备可以根据食谱自动调整烹饪参数，智能浴室设备可以根据用户偏好自动调节水温和水量。

（2）养老照护

智能家居系统为老年人提供了更加安全和便利的生活环境。智能药盒可以提醒老人按时服药，智能床垫可以监测老人的睡眠质量，智能监控系统可以实时监测老人的活动，及时发现异常情况。

（3）家庭安全

智能家居系统通过智能门锁、安防摄像头、烟雾传感器等设备，提高了家庭的安全性。智能门锁可以远程控制，实时监测门的开关状态；安防摄像头可以实时监控家庭环境，发现异常情况及时报警；烟雾传感器可以检测火灾隐患，及时发出警报。

智能家居系统通过传感器技术、自动化调整和设备联动，实现了对家庭环境的智能化管理。其广泛的应用范围为居家生活、养老照护和家庭安全提供了有效的解决方案。通过不断优化和升级，智能家居系统将为用户提供更加舒适、便捷和安全的生活环境，显著提高用户的生活质量和家居体验。

（二）智能化

智能家居系统通过语音控制、手机 App 控制、用户行为习惯学习和设备智能联动，极大地提高了家庭生活的便利性、舒适度和安全性。以下是对这些智能化技术的详细论述。

1. 智能控制方式

智能家居系统提供了多种控制方式，使用户能够方便地管理家居设备。

（1）语音控制

通过智能音箱或语音助手，用户可以通过自然语言与系统互动。用户可以通过语音指令控制灯光、温度、电视等设备。这种控制方式不仅便捷，而且特别适合老年人和行动不便的人群。

（2）手机 App 控制

智能家居系统通常配有专用的手机 App，用户可以通过手机远程控制家中的各种设备。用户可以在回家途中通过 App 开启空调、调节灯光，回到家时即享受舒适的环境。此外，App 还提供设备状态监控、场景模式设置等功能，提高了系统的可操作性。

2. 用户行为习惯学习

智能家居系统通过学习用户的行为习惯，预测用户需求，主动调整设备的工作状态，从而提供更加人性化的家居生活体验。这一过程主要包括行为数据收集、机器学习算法和个性化调整三个阶段，每个阶段都有其关键作用和具体实现方法。

（1）行为数据收集

行为数据收集是实现智能化和个性化的基础。智能家居系统通过各种传感器和设备，实时记录用户的使用习惯和行为数据。这些传感器可以包括温度传感器、运动传感器、光照传感器以及各种智能家居设备本身的使用数据。通过持续的数据收集，系统能够详细了解用户的起居时间、温度偏好、照明习惯等。例如，系统可以记录用户每天早晨的起床时间、喜欢的室内温度、晚间的照明强度等，这些数据为后续的分析和决策提供了丰富的信息基础。

（2）机器学习算法

机器学习算法是将收集到的行为数据转化为有用信息的核心工具。智能家居系统利用机器学习算法对用户行为数据进行分析，识别用户的日常模式和偏好。机器学习算法可以通过数据挖掘和模式识别，自动发现用户行为中的规律和趋势。例如，系统可以通过分析用户的起床时间数据，识别出用户每天早晨 7 点起床的习惯，或者通过分析用户的灯光使用数据，发现用户在晚餐时喜欢调暗灯光。这些识别出的模式和偏好，构成了智能家居系统进行个性化调整的依据。

（3）个性化调整

基于对用户行为的学习，智能家居系统能够进行个性化调整，为用户提供更舒适和人性化的家居环境。例如，系统可以在用户起床前提前开启空调或暖气，确保用户起床时室内温度适宜；在用户晚餐时自动调暗灯光，营造一个温馨的用餐氛围；在用户看电视时调整灯光亮度，减少屏幕反光，提高观影体验。这些主动调整不仅提高了用户的生活舒适度，还使得家居环境更加个性化和人性化。

3. 智能生态系统

通过智能化的控制和联动，智能家居系统形成了一个完整的智能生态系统，极大地提高了家庭生活的智能化水平。

（1）综合管理

智能家居系统能够综合管理各种家居设备，实现统一控制和管理。通过一个手机 App 或语音助手，用户可以控制所有智能设备，实现全屋智能管理。

（2）数据互通

智能家居系统中的设备能够互相通信和共享数据。智能恒温器可以根据空气质量传感器的数据，调整空调的工作模式；智能冰箱可以根据用户的购物习惯，建立购物清单并提醒食材过是否快期了。

（3）安全防护

智能家居系统通过多层次的安全防护措施，确保家庭的安全。通过智能门锁、摄像头和传感器，系统可以实时监测家庭安全状况，并在发现异常时及时报警和采取措施。

智能家居系统通过语音控制、手机 App 控制、用户行为习惯学习和设备智能联动，提供了高度智能化的家居管理方案。这些智能化技术不仅提高了家庭生活的便利性和舒适度，还通过高效的能效管理和多层次的安全防护，显著提高了家庭的安全性和节能性。随着技术的不断进步，智能家居系统将变得更加智能和人性化，为用户提供更加便捷、舒适和安全的生活体验。

二、智能家居系统设计中的机电一体化技术

机电一体化技术是作为实现智能家居系统的核心技术之一，其核心原理是将机械设计、电气控制、软件开发等技术进行有机融合，实现智能家居系统环境和设备的动态控制。机电一体化技术的设计实现有以下几个方面。

（一）电子技术部分

智能家居系统的核心在于其电子技术的应用，通过控制系统、语音识别技术、智能化学习技术及传感器技术的综合运用，实现了高度自动化和智能化的家庭环境管理。以下是对这些技术的深入探讨。

1. 控制系统

控制系统是智能家居系统的核心，其作用类似于大脑，负责协调和管理各个子系统的运行。控制系统中常用的控制算法和技术包括以下几个方面。

（1）PID控制

这种控制方法通过调整比例、积分和微分参数，使系统的输出与目标值保持一致。PID控制在温度调节、照明控制等领域有广泛应用。

（2）模糊控制

模糊控制不需要精确的数学模型，其可以通过模拟人类的模糊逻辑思维实现控制。它在处理非线性、时变系统时表现出色，如智能恒温器的温度调节。

（3）神经网络

神经网络通过大量的数据训练，使系统能够自适应地调整参数，实现复杂的控制任务。这种技术在个性化家居环境设置、智能安防系统中应用广泛。

通过这些控制算法，智能家居系统能够实现自动化控制、远程控制和联动控制等多种功能。当检测到家中无人时，系统可以自动关闭灯光和空调，节约能源。

2. 语音识别技术

语音识别技术是智能家居系统中实现人机交互的重要技术。通过语音识别，用户可以自然地与智能家居系统进行交流，发出控制指令。其主要应用包括以下两个方面。

（1）智能音箱

如小米音响、天猫精灵，这些设备内置麦克风和扬声器，可以识别用户的语音指令，并通过互联网与其他智能设备联动，实现灯光、温度、家电的控制。

（2）语音助手

小爱同学、华为小艺，这些虚拟助手通过语音识别和自然语言处理技术，可以帮助用户完成信息查询、日程安排、设备控制等任务。

语音识别技术的关键在于其准确性和响应速度。随着深度学习算法的发展，语音识别的准确率和速度得到了显著提高，使其在智能家居中的应用越来越广泛和普及。

3. 智能化学习技术

智能化学习技术使智能家居系统能够自主学习用户的行为和偏好，提供个性化的服务。其主要应用包括以下几个方面。

（1）用户行为分析

通过对用户日常行为数据的收集和分析，系统可以预测用户的需求，并提前做好准备。智能灯光系统可以根据用户的作息习惯自动调整亮度和颜色。

（2）优化控制策略

系统可以根据历史数据和当前环境状况，自主优化控制策略，提高系统的效率和用户体验。智能温控系统可以根据用户的温度偏好和外部天气变化，自动调整空调的工作模式。

（3）自适应学习

系统能够根据反馈不断调整和改进自己的算法，使控制更加精准和智能。智能安防系统可以通过识别异常行为，及时发出警报并采取相应措施。

智能家居系统的电子技术通过控制系统、语音识别技术、智能化学习技术和传感器技术的集成应用，实现了对家庭环境的智能化管理。这些技术不仅提高了家庭生活的便利性和舒适度，还在节能减排、安全防护等方面发挥了重要作用。随着技术的不断进步，智能家居系统将变得更加智能和人性化，全面提高人们的生活质量。

（二）机械设计部分

智能家居系统不仅依赖先进的电子技术，还需要可靠且创新的机械设计来实现各种功能。这部分主要包括家居设备的机构设计和传动部件的设计，旨在提高系统的美观性、实用性和安全性，从而满足用户多样化的需求。

1. 家居设备设计

智能家居设备的设计涵盖了从智能家电、智能安防到智能照明的方方面面。在设计这些设备时，必须考虑美观、实用和安全等因素。

（1）智能家电

智能家电包括智能冰箱、洗衣机和空调等。这些设备通过集成多种传感器和控制系统，实现了自动化和远程控制的功能。智能冰箱可以利用传感器监控食物的新鲜度，检测到即将过期的食物时提醒用户补货。空气净化器则能够根据传感器检测到空气中的各种数值大小，自动调整风量大小，提供最佳的净化效果。智能空调可以通过温度和湿度传感器，自动调节室内环境，保持舒适的温度和湿度。这些智能化功能不仅提高了家电的使用便利性，还提高了能源利用效率，提供了更加舒适和节能的家居生活体验。

（2）智能安防

智能安防系统包括智能门锁、摄像头和报警系统等，这些设备在设计时必须确保高度的安全性和可靠性。智能门锁能够通过指纹识别、面部识别等多种方式验证用户身份，确保家庭安全。智能摄像头和报警系统可以实时监控家中的情况，发现异常时及时报警，提供及时保护。通过这些智能安防设备，家庭的安全性得到了显著提高，用户可以更安心地享受智能家居带来的便利。

（2）智能照明

智能照明系统包括可调节亮度和色温的灯具，通过手机或语音助手控制光线，能够创造不同的氛围并实现节能。智能灯具可以根据时间段和外部光线的变化自动调整亮度，确保在满足照明需求的同时达到节能效果。这些功能不仅提高了用户的生活便利性和舒适度，还提高了能源使用效率，体现了智能家居的环保和智能化特点。在设计这些设备时，还需要考虑用户的使用习惯和体验，确保设备操作简单、界面友好，满足不同年龄段和技术水平用户的需求。

2. 机构及传动部件设计

机械设计的关键在于机构及传动部件设计，这是实现智能家居设备自动化控制、远程控制和手动控制的重要组成部分。以下是几个典型的应用案例。

（1）窗帘和百叶窗的智能控制

利用电机和传动装置，实现窗帘和百叶窗的自动开合。设计时需要考虑电机的选型、传动装置的可靠性和控制系统的精度。通过远程控制或预设的时间程序，用户可以轻松控制窗帘的状态，提升生活的便利性。

（2）晾衣杆的智能化

通过电动升降系统，实现晾衣杆的自动升降，便于用户晾晒和收取衣物。设计时需要确保结构的稳定性和传动系统的耐久性，以应对长期使用。

（3）机器人化家居设备

包括智能扫地机器人、智能擦窗机等，这些设备需要高精度的机械设计，以确保其高效、可靠地完成任务。扫地机器人需要设计灵活的移动机构和高效的吸尘系统，割草机需要设计耐用的切割机构和灵敏的导航系统。

3. 可靠性、可控制性和易维护性

在机械设计过程中，必须确保设计的可靠性、可控制性和易维护性。

（1）可靠性

设备必须在各种环境条件下稳定运行，机械部件需要具备高耐用性和抗疲劳性。设计时可以通过材料选择、结构优化和可靠性测试等手段，提高设备的可靠性。

（2）可控制性

智能家居设备需要具备良好的可控制性，能够精确响应用户指令。设计时需要结合传感器和控制算法，确保设备的灵敏度和准确性。智能窗帘系统需要具备准确的开合位置控制和速度控制。

（3）易维护性

设备设计需考虑日常维护的便捷性，包括部件的拆卸、清洗和更换。模块化设计是一种有效的方法，通过将设备分解为多个易于维护的模块，用户可以方便地进行维护和故障排除。

4. 科学的机械设计带来的优势

通过科学的机械设计，智能家居系统可以提供更加人性化、高效、节能的服务。这些设计优化不仅提高了用户的生活质量，还在节能减排和环境保护方面发挥了积极作用。

（1）人性化服务

智能家居设备通过自动化和智能化设计，为用户提供便捷舒适的使用体验。用户可以通过简单的操作实现复杂的控制，享受高品质的生活。

（2）高效服务

优化的机械设计能够提高设备的工作效率，减少能量消耗。智能照明系统可以通过精确控制亮度和色温，从而取得高效节能的照明效果。

（3）节能服务

通过科学的机械设计和控制策略，智能家居系统可以有效减少能源消耗，降低家庭的能源费用，促进其可持续发展。

智能家居系统的机械设计是实现智能化控制和自动化功能的基础。通过对家居设备机构及传动部件的科学设计，智能家居系统能够提供安全、美观、实用的家居环境。未来，随着机械设计技术的不断进步，智能家居系统将变得更加智能和人性化，为用户提供更加高效、节能、便捷的服务。

（三）软件开发部分

智能家居系统的软件开发部分是实现智能化控制和管理的关键环节。软件开发不仅涉及系统的选型和开发，还包括与硬件的联调工作。

1. 软件系统的选型

选型是软件开发的第一步，根据系统的功能需求和性能要求，选择合适的软件平台和技术框架。其在选择时主要考虑以下几个方面。

（1）嵌入式系统

用于控制家居设备的嵌入式系统需要具备高效、稳定、实时响应等特点。常用的嵌入式操作系统包括 FreeRTOS、VxWorks 和 Linux 等，根据设备的复杂性和功能需求选择合适的系统。

（2）网络通信协议

智能家居系统需要通过网络进行设备间的通信和数据传输。常用的通信协议包括 Wi-Fi、Zigbee、Bluetooth、Z-Wave 等。选择时需考虑协议的传输速度、覆盖范围、功耗和安全性。

（3）数据管理平台

智能家居系统需要对大量数据进行存储和管理，选择合适的数据库和数据管理平台至关重要。常用的数据库系统包括 SQL 数据库（如 MySQL、PostgreSQL）和 NoSQL 数据库（如 MongoDB、CouchDB），需要根据数据类型和应用需求进行选择。

2. 软件系统的开发

软件系统的开发包括系统架构设计、界面设计、数据库设计、编码、测试和调整等工作。

（1）系统架构设计

系统架构设计是软件开发的基础，其决定了系统的整体结构和数据流。典型的智能家居系统架构包括设备层、网络层、云平台层和应用层。每一层都需要明确的功能划分和接口设计，以确保系统的扩展性和可维护性。

（2）界面设计

用户界面设计需要考虑用户体验和交互设计。通过直观、简洁的界面，用户可以方便地控制和监测家居设备。界面设计还需要兼顾多种设备的适配，包括手机、平板、电脑等。

（3）数据库设计

数据库设计需要根据数据的类型和应用需求进行模式设计，确保数据的高效存储和快速访问。数据库设计还需要考虑数据的安全性和一致性，特别是在分布式系统中。

（4）编码、测试和调整

编码是将设计转化为实际功能的过程。在开发过程中需要遵循编码规范，确保代码的可读性和可维护性。测试和调整是确保软件质量的重要步骤，其步骤包括单元测试、集成测试、系统测试等，通过全面的测试可以发现并修复问题，从而提高系统的稳定性和可靠性。

3. 软件系统与硬件的联调

软件系统与硬件的联调是确保系统正常运行的关键环节。在联调过程中，需要进行测试、调试，以确保软、硬件间的相互兼容。其主要包括以下几个方面。

（1）接口调试

软硬件之间通过接口进行数据交换，接口调试是确保数据传输正确和及时的重要步骤。需要检查接口的电气特性和通信协议，确保信号传输的稳定性和准确性。

（2）性能测试

对系统的性能进行测试，包括响应时间、数据吞吐量、资源占用等，确保系统在各种负载下都能稳定运行。性能测试还需要考虑不同环境条件下的系统表现，如温度、湿度、电磁干扰等。

（3）兼容性测试

确保软件系统与各种硬件设备的兼容性，解决出现的不兼容问题。其包括不同型号、不同厂商的设备，以及系统升级带来的兼容性问题。

4. 软件开发的重要性

软件开发对智能家居系统的运行稳定性、运行效率、功能丰富度和开放度具有关键作用。

（1）运行稳定性

通过科学的架构设计和全面的测试，确保系统在各种条件下都能稳定运行，避免因软件故障导致系统瘫痪。

（2）运行效率

通过优化代码和系统架构，提高系统的响应速度和资源利用率，确保用户能够实时控制和监测家居设备。

（3）功能丰富度

通过不断的开发和更新，增加系统的功能和应用场景，满足用户不断变化的需求。增加新的智能设备、实现更多的自动化场景、提高数据分析和推荐能力等。

（4）开放度

通过开放的接口和标准化的通信协议，确保系统的可扩展性和兼容性，使得用户可以方便地添加新的设备和功能。

智能家居系统的软件开发是实现家居智能化和互联网化的核心环节。通过科学的软件选型、系统开发和软硬件联调，智能家居系统能够提供稳定、高效、丰富的功能和服务，提高用户的生活质量和家居体验。随着软件开发技术的不断进步，智能家居系统将变得更加智能和人性化，为用户提供更加便捷、舒适、安全的生活环境。

移动设备

机电一体化是现代移动设备中的关键技术，它通过将机械工程、电子工程、控制工程、计算机科学和信息技术等多学科进行融合，实现了移动设备的智能化和高效化。以下是机电一体化在移动设备中的具体应用和其所带来的技术优势。

一、机电一体化的核心技术

机电一体化在移动设备中的应用主要包括传感器技术、执行器技术、嵌入式系统、网络通信技术等。这些技术通过紧密结合，使得移动设备能够实现精准控制和高效运作。

（一）传感器技术

传感器技术在移动设备中的应用极其广泛，通过各种类型的传感器实时监测设备的状态和外部环境，为系统提供必要的数据支持。这些传感器的集成和应用，使得移动设备能够实现多样化的功能和更加智能化的操作。

加速度计和陀螺仪是移动设备中最常见的传感器之一。加速度计用于测量设备在三个轴（x、y、z）方向上的加速度变化，从而能够感知设备的移动和倾斜。当用户旋转手机时，加速度计可以检测到方向的变化，并自动调整屏幕显示方向。陀螺仪则测量设备的角速度变化，用于检测设备的旋转运动。

加速度计和陀螺仪的结合使得设备能够准确识别各种手势和运动，如翻转、摇晃和旋转等，这些功能在游戏控制、运动监测和导航等应用中尤为重要。

压力传感器可以检测设备表面的压力变化，用于实现多种交互功能。智能手机的屏幕可以通过压力传感器感知用户的触控力度，实现不同的操作命令，如轻触进行选择，重按打开菜单等。这种技术被广泛应用于智能手机的Touch功能，在很大程度上提高了用户的操作体验。此外，压力传感器还可以用于监测环境压力变化，其辅助设备可以进行高度测量，并具有气压计功能。

温度传感器在移动设备中的应用主要是监测设备的工作温度和环境温度。通过温度传感器，设备可以实时监测内部元件的温度变化，防止过热导致的故障和损坏。当智能手机的处理器温度过高时，温度传感器会触发降频或关闭部分功能，以降低温度，保护设备的安全运行。温度传感器还可以用于环境温度测量，提供天气预报和环境监测功能。

综合来看，这些传感器在移动设备中的应用，为设备提供了丰富的数据支持，使其能够实现多样化的功能和智能化的操作。传感器技术不仅提高了设备的用户体验，还增强了设备的功能性和安全性。在智能手机中，加速度计和陀螺仪的结合使得虚拟现实和增强现实应用成为现实；压力传感器提高了触控屏幕的交互体验；温度传感器保障了设备的安全运行和环境适应能力。

未来，随着传感器技术的不断进步和成本的降低，更多种类和更高精度的传感器将被集成到移动设备中，进一步增强设备的智能化和多功能性。通过传感器技术的应用，移动设备将变得更加智能、便捷和安全，为用户提供更加丰富和高效的使用体验。

（二）执行器技术

执行器技术将电信号转化为机械动作，从而实现设备的各种功能。常见的执行器包括电机、气动执行器和液压执行器等。在移动设备中，执行器的精度和响应速度直接影响设备的性能和用户体验。

电机通过将电能转化为机械能，驱动设备进行各种机械动作。典型的应用包括振动电机和微型直流电机。振动电机主要用于提供触觉反馈。例如，智能手机的振动提醒功能，当收到来电、短信或通知时，振动电机会快速响应，给用户即时的触觉提示。微型直流电机则具有自动对焦摄像头、光学变焦等功能，通过精确控制镜头的位置和移动，实现高质量的拍摄效果。这些电机的精度和响应速度对设备的性能至关重要，尤其是在需要快速反馈和高精度控制的应用中。

气动执行器在移动设备中的应用相对较少，但在一些特定领域也有重要作用。气动执行器通过压缩空气驱动机械运动，具有响应快、力输出大等优点。在某些专业移动设备中，如便携式自动化工具或医疗设备中，气动执行器可以用于实现高效、快速的机械操作。在便携式医疗设备中，气动执行器可以用于驱动注射器、泵等装置，提供精确的药物输送或液体管理。

执行器的精度和响应速度直接影响设备的性能和用户体验。在智能手机中，高精度和快速响应的振动电机可以提供更好的触觉反馈；在自动对焦摄像头中，高精度电机能够确保拍摄的清晰度和准确性；在专业工具和医疗设备中，气动和液压执行器能够提供强大和可靠的机械操作。

随着技术的不断进步，执行器的性能将继续提高，体积将进一步缩小，功耗将进一步降低。这些进步将推动移动设备在功能和性能上的不断创新和提高。更高精度的微型电机将使得摄像头对焦更快、更准；更高效的气动和液压执行器将使得便携设备在工业和医疗领域的应用更加广泛和深入。

执行器技术通过将电信号转化为机械动作，为移动设备提供了强大的功能支持。执行器的精度和响应速度直接影响设备的性能，进而影响用户的使用体验。未来，随着技术的发展，执行器技术将在移动设备中发挥越来越重要的作用，推动设备的智能化和多功能化发展。

（三）嵌入式系统

嵌入式系统在机电一体化设备中起着至关重要的作用，堪称是设备的"大脑"。它们负责数据处理和控制决策，使得设备能够高效、精准地完成各种任务。嵌入式系统主要由高性能微处理器和实时操作系统组成，通过这些核心组件，它们能够高效地处理传感器数据，并控制执行器的动作，从而实现设备的智能化操作。

高性能微处理器是嵌入式系统的核心。微处理器通过执行复杂的计算和控制算法，处理来自各种传感器的数据。传感器实时监测设备的状态和外部环境，将数据传送到微处理器。微处理器对这些数据进行分析和处理，提取出有用的信息。在无人机中，微处理器会处理来自加速度计、陀螺仪、GPS和摄像头等传感器的数据，计算出无人机的姿态、位置和速度。这些计算结果将用于控制无人机的飞行路径和稳定性。

实时操作系统（RTOS）是确保嵌入式系统高效运行的关键。RTOS能够在严格的时间限制内完成任务调度和资源管理，确保各个任务之间的实时性和优先级。在自动驾驶汽车中，RTOS 需要同时处理多个传感器的数据，并实时做出决策，控制车辆的转向、加速和制动。这就要求操作系统具有极高的实时性和可靠性，能够快速响应各种外部环境的变化，确保车辆的安全行驶。

嵌入式系统通过高效的数据处理和控制决策，实现了对执行器的精准控制。执行器能够将微处理器的控制信号转化为具体的机械动作。在工业机器人中，嵌入式系统会根据传感器数据和预定的控制算法，控制电机的旋转角度和速度，使机器人手臂能够精确地完成焊接、组装等任务。在智能家居设备中，嵌入式系统会控制温度传感器、湿度传感器、光纤传感器等的数据信号，调节空调、加湿器和灯光的工作状态，提供舒适的居住环境。

嵌入式系统具备较强的网络通信能力，使得机电一体化设备能够与其他设备和系统进行数据交换和协同工作。通过物联网技术，智能家居设备中的嵌入式系统可以与云服务器通信，上传和下载数据，实现远程控制和监测。在工业自动化领域，嵌入式系统可以通过工业以太网、无线网络等方式，与其他设备和控制系统互联，形成一个协同工作、智能决策的整体系统。

（四）网络通信技术

网络通信技术在移动设备中的应用至关重要，它使得这些设备能够与其他设备和系统进行数据交换，实现信息共享和协同工作。无线通信技术，特别是 Wi-Fi、蓝牙和 5G，在移动设备中扮演了关键角色，极大地提高了设备的功能性和用户体验。

Wi-Fi 技术被广泛应用于移动设备中，为用户提供了高速、稳定的网络连接。通过 Wi-Fi，移动设备可以连接到互联网，访问各种在线资源和服务。智能手机可以通过 Wi-Fi 进行网页浏览、视频流播放和文件下载等操作，提供了丰富的娱乐和信息获取途径。对于智能家居设备，Wi-Fi 也提供了强大的支持，使得这些设备可以连接到家庭网络，进行远程控制和状态监测。用户可以通过手机 App 远程调节家中的温度、照明和安全设置，即使不在家中也能掌控一切。

蓝牙主要用于设备间的短距离无线通信，具有低功耗、快速连接的特点。智能手表可以通过蓝牙与智能手机配对，同步接收通知、健康数据和通话信息。蓝牙耳机和音箱也是常见的应用，通过蓝牙技术，用户可以享受高质量的无线音频体验。此外，蓝牙还被广泛应用于物联网设备中，如智能门锁、健身追踪器和无线传感器等，这些设备通过蓝牙实现数据传输和控制，为用户提供了便捷的智能生活体验。

5G 技术是最新一代的移动通信技术，为移动设备提供了超高速的网络连接和低延迟的通信体验。5G 的高速率和低延迟特点，使其在许多应用场景中具备显著优势。在自动驾驶汽车中，5G 可以实现车辆与云端、其他车辆及道路基础设施的实时通信，提供及时的交通信息和安全预警，提高自动驾驶的安全性和效率。对于 AR 和 VR 设备，5G 的高速连接可以支持高质量、低延迟的内容传输，提供沉浸式的用户体验。在远程医疗、智能制造等领域，5G 也展现出巨大的潜力，通过实时的数据传输和控制，实现更高效和智能化的操作。

网络通信技术不仅提高了单个设备的功能性，还使得多个设备之间能够协同工作，形成一个智能化的生态系统。在智能家居中，多个设备通过 Wi-Fi 和蓝牙连接，可以实现联动控制和信息共享。当用户进入家中时，智能门锁、照明系统和音响系统可以自动联动，提供迎宾模式的设置，营造舒适的家居氛围。在工业自动化中，机器设备通过 5G 网络连接，形成一个高度协同的智能工厂系统，实现数据的实时传输和设备的自动化控制，提高生产效率和质量。

网络通信技术通过 Wi-Fi、蓝牙和 5G 等无线通信手段，为移动设备提供了强大的数据交换和信息共享能力。这些技术不仅提高了设备的独立功能性，还使得多个设备之间能够协同工作，创造出更加智能和便捷的使用体验。随着无线通信技术的不断进步，移动设备的网络通信能力将进一步提升，带来更加丰富和多样化的应用场景，推动智能生活和智能社会的发展。

二、应用实例

机电一体化在移动设备中的应用非常广泛，涵盖了从智能手机、无人机到机器人等多种设备。

（一）智能手机

智能手机集成了多种传感器和执行器，结合嵌入式系统和控制算法，实现了多种智能功能。传感器如加速度计和陀螺仪用于检测设备的运动和姿态，支持手势识别和导航定位功能。GPS 传感器提供精确的地理位置信息，支持地图导航和位置服务。振动马达等执行器则用于提供触觉反馈，如通知和警报。嵌入式系统通过实时处理这些传感器的数据，并利用控制算法，实现了各种智能操作。无线通信技术（如 Wi-Fi、蓝牙和 5G）进一步增强了智能手机的功能，使其能够进行高速数据传输、远程控制和联网应用，提供了丰富的用户体验和便捷的服务。

（二）无人机

无人机是典型的机电一体化设备，通过多传感器融合技术（如惯性测量单元 IMU、GPS、摄像头等），无人机能够实现自主飞行和环境感知。IMU 提供姿态和运动数据，GPS 提供精确的地理位置，摄像头用于视觉导航和避障。高效的执行器，如电机和螺旋桨，提供动力和控制，使无人机具备良好的机动性和稳定性。结合先进的控制算法，无人机能够在复杂的环境中稳定飞行，进行精准导航、避障和任务执行。这些技术共同赋予无人机广泛的应用前景，包括空中摄影、物流配送和农业监测等领域。

（三）机器人

在机器人应用中，机电一体化技术使其具备了自主导航、环境感知和智能决策能力。服务机器人通过激光雷达和视觉传感器，能够自主避障和进行路径规划，确保在复杂环境中安全高效地移动。工业机器人通过高精度执行器和先进的控制算法，能够进行精细操作和协作作业，适用于精密制造和装配任务。通过这些技术，机器人在各个领域展现出强大的功能和适应性，为工业、服务业和其他行业带来了显著的效率提高和创新应用。

三、技术优势和未来发展

机电一体化技术在移动设备中的应用带来了诸多技术优势：

（一）高精度和高效率

高精度和高效率是现代移动设备的重要特性，通过精确的传感器和执行器，以及先进的控制算法得以实现。精确的传感器（如加速度计、陀螺仪、激光雷达等）提供准确的环境和状态数据，为设备的操作提供可靠的基础。高效的执行器（如电机、气动执行器等）快速响应控制指令，执行精准的机械动作。先进的控制算法则通过实时处理传感器数据和执行器反馈，优化操作流程，减少误差和延迟，从而实现高效和精确的设备操作。这些技术的结合，使移动设备能够在各种复杂环境中稳定、高效地运行，从而提高整体性能和用户体验。

（二）智能化和自动化

机电一体化技术赋予移动设备智能化和自动化能力，使其能够自主完成复杂任务，减少人工干预。通过集成传感器、执行器和嵌入式系统，这些设备能够感知环境、做出智能决策并执行相应的动作。高级控制算法和人工智能技术进一步提高了设备的自主性，使其能够在动态和复杂的环境中有效运行。智能手机可以自动调整设置，无人机可以自主导航和避障，机器人可以进行路径规划和任务执行。这些智能化和自动化特性大大提高了设备的效率和应用广度，减少了对人工操作的依赖。

（三）灵活性和适应性

通过软硬件的紧密结合，机电一体化设备具有很强的灵活性和适应性，能够应对不同的工作环境和任务需求。硬件方面，多种传感器和执行器的集成使设备能够感知和响应多种外部条件。软件方面，嵌入式系统和高级控制算法使设备能够实时处理数据、做出智能决策并灵活调整操作。这种软硬件结合使得机电一体化设备能够在多种环境中高效运行，并迅速适应新的任务需求，例如，机器人可以在制造业和服务业中执行不同的任务，无人机可以在农业和物流中灵活应用。

随着人工智能、物联网和5G技术的进一步发展，机电一体化在移动设备中的应用将更加广泛和深入。智能传感器、先进的控制算法和高速通信技术将进一步提高移动设备的性能和智能化水平，推动移动设备向更加自主化、协同化和智能化的方向发展。

机电一体化技术在移动设备中的应用，通过融合机械、电子、控制和计算机技术，实现了设备的智能化和高效化。通过多种传感器、执行器、嵌入式系统和控制算法的集成，移动设备能够精准控制和智能决策，显著提高了设备的性能和应用广度。未来，随着技术的不断进步，机电一体化在移动设备中的应用将不断扩展和深化，带来更多创新和变革。

娱乐电子产品

机电一体化技术通过将机械工程、电子工程、控制工程、计算机科学和信息技术等多学科进行融合，实现了娱乐电子产品的智能化和高效化。以下是机电一体化技术在娱乐电子产品中的具体应用及其带来的技术优势。

一、游戏设备

在游戏设备中，机电一体化技术被广泛应用于各种控制器、虚拟现实（VR）和增强现实（AR）设备。通过高精度传感器和执行器，这些设备能够提供更加沉浸式的游戏体验。

（一）游戏控制器

现代游戏控制器通过集成加速度计、陀螺仪、振动马达等传感器和执行器，实现了玩家与游戏之间的互动，极大地提高了游戏体验。以下是对这些技术的详细论述。

1. 加速度计和陀螺仪

加速度计和陀螺仪是现代游戏控制器中常用的传感器，用于检测和感知玩家的手势和动作。

（1）加速度计

加速度计可以检测控制器在各个方向上的加速度变化，从而感知玩家的移动。当玩家挥动控制器时，加速度计会记录这一动作并将数据传输给游戏主机，游戏主机根据这些数据控制游戏角色的动作。加速度计在运动类游戏、体感游戏中应用广泛，使玩家可以通过自然的身体动作与游戏互动。

（2）陀螺仪

陀螺仪能够检测控制器的旋转运动，感知其角速度变化。它与加速度计配合使用，能够提供更精准的动作检测和定位。在射击游戏中，玩家可以通过旋转控制器来瞄准目标，陀螺仪能够准确捕捉到这种旋转动作，使游戏中的视角变化更加平滑和自然。

2. 振动马达

振动马达是现代游戏控制器中用于提供触觉反馈的重要执行器。

（1）振动反馈

通过振动马达，控制器能够根据游戏中的事件和环境变化，提供即时的触觉反馈。当游戏角色受到攻击、发生爆炸或进行特殊操作时，振动马达会产生相应的振动，模拟这些事件的触感。这种触觉反馈增加了游戏的现实感，使玩家能够更深入地感受游戏的情境和氛围。

（2）沉浸体验

振动马达不仅可以模拟简单的触觉效果，还可以根据游戏情节的需要，产生不同频率和强度的振动效果。在赛车游戏中，当玩家驾驶车辆通过不同地形时，振动马达可以模拟出颠簸感和平滑感，增强了玩家的沉浸感。

3. 手势和动作控制

现代游戏控制器通过传感器和执行器的结合，使玩家能够通过手势和动作来控制游戏角色，实现更加直观和自然的游戏操作。

（1）手势控制

加速度计和陀螺仪能够捕捉玩家的各种手势动作，如挥动、倾斜、旋转等，游戏系统将这些手势转换为相应的游戏指令。在体感游戏中，玩家可以通过挥动控制器来进行打击、投掷等动作，系统能够准确识别并响应这些手势，使游戏操作更加逼真和有趣。

（2）动作捕捉

在一些高端游戏控制器中，还集成了更多传感器，如红外传感器、光学传感器等，能够实现更加精细的动作捕捉。VR 游戏控制器通过多种传感器的协同工作，能够精确捕捉玩家的手部和手指动作，使虚拟现实中的互动更加真实和自然。

4. 综合优势

现代游戏控制器通过机电一体化技术的应用，提供了丰富的互动方式和真实的触觉反馈，极大地提升了游戏的沉浸感和用户体验。

（1）多感官体验

传感器和执行器的结合，使玩家不仅可以通过视觉和听觉，还可以通过触觉来感受游戏。振动反馈和动作控制使游戏操作更加直观和多样，从而增强了游戏的互动性。

（2）自然交互

通过手势和动作控制，玩家可以更加自然地与游戏互动，减少了传统按钮和摇杆操作的局限性。特别是在体感游戏和 VR 游戏中，这种自然交互方式使游戏体验更加生动和真实。

（3）精确控制

高精度的传感器和响应迅速的执行器，使游戏控制器能够提供精准的动作捕捉和反馈，提高了游戏的操控性和响应速度，满足了玩家对游戏操作的高要求。

现代游戏控制器通过集成加速度计、陀螺仪、振动马达等传感器和执行器，结合先进的控制算法，实现了高精度和高效率的操作。传感器提供精准的动作检测，振动马达提供真实的触觉反馈，使玩家能够通过手势和动作自然地控制游戏角色，增强了游戏的沉浸感和互动性。机电一体化技术在游戏控制器中的应用，推动了游戏体验的不断提高，为玩家带来了更加丰富和逼真的娱乐体验。

（二）VR/AR 设备

VR 头盔和 AR 眼镜是现代娱乐电子产品中的代表性设备，通过机电一体化技术，这些设备能够提供高度沉浸和互动的用户体验。以下是对 VR 头盔和 AR 眼镜中机电一体化技术的详细论述。

1. 多传感器融合

VR 头盔和 AR 眼镜广泛应用了多种传感器，如陀螺仪、加速度计和光学传感器，这些传感器协同工作，实现了精确的头部追踪和环境感知。

（1）陀螺仪

陀螺仪能够检测设备的旋转运动，测量其角速度变化。通过陀螺仪，VR 和 AR 设备可以实时追踪用户头部的旋转动作，确保虚拟环境或增强现实内容的视角变化与用户的头部运动保持同步。

（2）加速度计

加速度计用于检测设备的线性加速度，感知用户头部的移动方向和速度。与陀螺仪配合使用，加速度计能够提供更加完整和精确的运动数据，支持头部的三维空间运动追踪。

（3）光学传感器

光学传感器（如摄像头、激光雷达等）用于环境感知和手势识别。VR 头盔通过外部摄像头可以实现空间定位和动作捕捉，AR 眼镜通过摄像头和其他传感器实时感知周围环境，叠加虚拟信息，实现增强现实的效果。

2. 高效的微型电机和执行器

高效的微型电机和执行器在 VR 头盔和 AR 眼镜中起到了关键作用，它们用于调整视角和显示内容，以提供逼真的虚拟和增强现实体验。

（1）视角调整

微型电机用于精确控制显示屏的位置和角度，确保用户的视角变化能够被迅速、准确地反映在显示内容上。当用户转动头部时，微型电机调整显示屏或光学元件的角度，保持虚拟场景或增强现实内容的稳定。

（2）焦距调节

某些高端 VR 头盔和 AR 眼镜还配备了自动焦距调节功能，通过微型电机调节镜片的焦距，提供清晰的视觉效果，适应不同用户的视力需求和观看距离。

（3）触觉反馈

在一些高级 VR 设备中，执行器还可以提供触觉反馈，增强用户的沉浸感。通过震动和压力反馈，用户可以在虚拟环境中感受到触摸和操作的真实感。

3. 精确的头部追踪和环境感知

多传感器融合技术使得 VR 头盔和 AR 眼镜能够实现精确的头部追踪和环境感知，提高了用户的沉浸体验和交互效率。

（1）头部追踪

通过陀螺仪和加速度计，VR 和 AR 设备能够实时捕捉用户的头部运动，将这些运动数据转化为虚拟环境或增强现实内容的视角变化。当用户在虚拟现实游戏中转动头部时，游戏画面同步旋转，使用户感受到身临其境的体验。

（2）环境感知

光学传感器和其他环境感知传感器使 AR 设备能够实时感知周围的物体和场景，叠加虚拟信息，提供增强现实体验。AR 眼镜可以识别用户面前的物体，并在视野中显示相关的虚拟信息，如导航指引、产品信息等，增强用户的感知和互动能力。

4. 提供逼真的虚拟和增强现实体验

机电一体化技术通过高效的数据处理和精确的执行器控制，为 VR 头盔和 AR 眼镜提供了逼真的虚拟和增强现实体验。

（1）沉浸式体验

VR 头盔通过精确的头部追踪和视角调整，使用户能够完全沉浸在虚拟世界中。高分辨率显示屏和低延迟的运动响应，确保虚拟环境的真实感和互动性。

（2）增强现实

AR 眼镜通过环境感知和虚拟信息叠加，实现了对现实世界的增强。用户可以在现实场景中看到叠加的虚拟信息和图像，提高了工作效率和娱乐体验。AR 技术在工业维护、医疗辅助、教育培训等领域展现了巨大的应用潜力。

机电一体化技术在 VR 头盔和 AR 眼镜中的应用，通过多传感器融合、精确的头部追踪和高效的微型电机控制，实现了高度沉浸和逼真的用户体验。这些技术不仅提高了设备的功能性和用户体验，还推动了虚拟现实和增强现实技术的快速发展和广泛应用。未来，随着机电一体化技术的不断进步，VR和 AR 设备将更加智能化和高效化，为用户提供更加丰富和真实的体验。

二、音频设备

在音频设备中，机电一体化技术提高了音质和用户体验，特别是在智能音箱和耳机中，表现尤为显著。

（一）智能音箱

智能音箱是现代智能家居中广受欢迎的设备，通过机电一体化技术，实现了远场语音识别和高质量音频输出。以下是对智能音箱中集成的多种技术及其应用的详细论述。

1. 多麦克风阵列

智能音箱中的多麦克风阵列是实现远场语音识别的关键组件。多麦克风阵列通过多个麦克风的组合，能够从不同方向捕捉声音信号，并通过信号处理技术，实现精确的语音识别。

（1）声源定位

多麦克风阵列可以通过捕捉声音到达不同麦克风的时间差，确定声源的位置。这种技术能够帮助智能音箱在嘈杂的环境中准确定位用户的声音，提高语音识别的精度和可靠性。

（2）噪声抑制

通过麦克风阵列的协同工作，智能音箱能够有效抑制背景噪声。算法能够识别并滤除环境噪声，仅保留用户的语音信号。这使得智能音箱在各种复杂环境中都能准确捕捉用户的语音指令。

（3）回声消除

在智能音箱播放音频的同时，麦克风阵列能够通过回声消除技术，去除扬声器发出的声音对麦克风接收的干扰。这确保了语音识别的准确性，即使在播放音频时，用户的指令仍能被清晰识别。

2. 高质量音频输出

智能音箱的扬声器设计和电子控制系统共同实现了高质量的音频输出。

（1）扬声器设计

智能音箱通常配备高保真的扬声器，能够提供清晰而饱满的音质。扬声器的机械设计包括振膜材料、音圈和磁体的选择，以此确保声音的准确还原和高保真度。

（2）音频处理算法

智能音箱内置的音频处理芯片和算法能够对音频信号进行优化处理。动态范围压缩、均衡器调整和虚拟环绕声技术等，使得音频输出更加符合用户的听觉需求，提供丰富的听觉体验。

（3）智能音效调节

智能音箱能够根据环境自动调节音效。在安静的房间中，音箱可以降低音量，避免过度音量带来的不适；在嘈杂的环境中，音箱可以增强音量和清晰度，确保用户能够清晰地听到音频内容。

3. 精密的机械设计和电子控制

智能音箱的精密机械设计和电子控制系统是实现其智能功能的基础。

（1）机械设计

智能音箱的外壳设计不仅要美观，还要考虑声学效果。音箱的结构设计包括声学腔体的优化，确保声音传播得自然和纯净。此外，内部组件的布局和安装也要精确，避免振动和干扰。

（2）电子控制

智能音箱内置高效的电子控制系统，包括处理器、音频放大器和电源管理系统。处理器负责执行语音识别和音频处理算法，音频放大器确保音频信号的高保真放大，电源管理系统则提供稳定的电源供应，保证设备的长期稳定运行。

4. 远场语音识别和智能算法

智能音箱通过先进的语音识别技术和智能算法，可以实现远场语音识别功能。

（1）语音识别算法

智能音箱内置的语音识别算法能够实时分析用户的语音指令，进行语义理解和命令执行。这些算法利用深度学习和自然语言处理技术，不断学习和优化，提高识别准确性和响应速度。

（2）人工智能

通过云计算和人工智能技术，智能音箱能够处理复杂的语音指令，执行多种功能。播放音乐、查询天气、设置闹钟、控制智能家居设备等。智能音箱还可以根据用户的使用习惯和偏好，提供个性化的服务和建议。

智能音箱通过集成多麦克风阵列和高质量扬声器，结合精密的机械设计和电子控制，实现了远场语音识别和高质量音频输出。麦克风阵列能够精确捕捉用户的语音指令，并通过智能算法进行处理，提供精准的响应和控制。扬声器则通过优化设计和音频处理算法，提供清晰、饱满的音质。通过这些技术的结合，智能音箱不仅提供了便利的语音交互体验，还提高了用户的听觉享受，成为现代智能家居的重要组成部分。

（二）耳机

降噪耳机是现代音频设备中的重要产品，通过机电一体化技术，实现了优质的听觉体验和长时间的使用寿命。以下是对降噪耳机中机电一体化技术的详细论述。

1. 主动降噪技术

降噪耳机利用主动降噪（Active Noise Cancellation，ANC）技术，通过内置的麦克风和扬声器，实时监测环境噪声并生成反向声波进行抵消。

（1）环境噪声监测

降噪耳机在耳罩或耳塞中配备了多个麦克风，这些麦克风用于捕捉周围环境的噪声。通常会有内外两个麦克风，外部麦克风捕捉外界噪声，内部麦克风捕捉通过耳罩或耳塞传入耳中的噪声。

（2）反向声波生成

耳机内的降噪处理器会根据麦克风采集到的噪声信号，实时生成与噪音相位相反的声波。这些反向声波通过扬声器发出，与噪音相遇时相互抵消，从而降低噪声的影响。

（3）实时处理

降噪技术要求耳机能够实时处理噪声信号并生成反向声波，这需要高效的处理器和先进的算法支持。处理器需要在极短的时间内计算出反向声波，以确保降噪效果的即时性和准确性。

2. 高质量音频输出

降噪耳机不仅要作噪声的抵消，还致力于提供高质量的音频输出。

（1）音频放大器和扬声器

降噪耳机内置高保真的音频放大器和扬声器，确保音频信号的清晰还原。

扬声器的设计和材料选择对音质有重要影响，优质的扬声器能够提供丰富的低音和清晰的高音。

（2）音频处理算法

耳机内的音频处理算法可以优化声音的动态范围、频率响应和音效，使得音乐和语音的播放更加自然和动听。这些算法能够自动调整音频输出，以适应不同的音频内容和环境条件。

3. 电池管理和微型电机控制

降噪耳机需要长时间工作，因此，高效的电池管理系统和微型电机控制至关重要。

（1）电池管理系统

降噪耳机通常配备锂离子电池，电池管理系统（Battery Management System， BMS）负责监控和管理电池的充放电过程。BMS能够优化电池的使用效率，延长电池寿命，并提供准确的电量指示。

（2）节能设计

为了延长续航时间，降噪耳机在设计上采取了多种节能措施。低功耗的处理器和传感器、智能的电源管理策略等。耳机还可以根据使用情况自动调整功耗，在长时间不使用时进入低功耗模式。

（3）舒适性设计

为了确保长时间佩戴的舒适性，降噪耳机的机械设计需要考虑佩戴的舒适度和稳定性。耳罩和头梁通常采用柔软的材料和人体工学设计，微型电机控制则用于调节耳罩的角度和贴合度，提供个性化的佩戴体验。

4. 先进的控制算法

降噪耳机内置的控制算法是实现高效降噪和优质音频的核心。

（1）自适应降噪

先进的降噪算法能够根据环境噪声的变化，动态调整降噪效果。在飞机起飞、地铁行驶等不同环境下，算法会自动调整反向声波的生成，提供最佳的降噪效果。

（2）多模式降噪

一些降噪耳机提供多种降噪模式，用户可以根据需要选择不同的降噪强度。通勤模式、飞行模式、静音模式等，通过算法的调整，耳机可以适应各种使用场景。

5. 综合优势

机电一体化技术在降噪耳机中的应用，带来了多方面的技术优势。

（1）优质听觉体验

通过先进的主动降噪技术和高质量音频输出，降噪耳机能够在各种环境中提供清晰、纯净的听觉体验。

（2）长时间使用寿命

高效的电池管理系统和节能设计，确保耳机能够长时间工作，满足用户的日常使用需求。

（3）舒适的佩戴体验

人性化的机械设计和微型电机控制，能够提供个性化的佩戴舒适度，使用户在长时间使用中保持舒适。

降噪耳机通过内置的麦克风和扬声器，结合精密的机械设计和电子控制，实现了优质的听觉体验和长时间的使用寿命。主动降噪技术通过实时监测环境噪声并生成反向声波进行抵消，提供清晰的音频输出。高效的电池管理系统和舒适的佩戴设计，进一步提高了耳机的用户体验。机电一体化技术在降噪耳机中的应用，不仅提高了产品的功能性和使用便捷性，还为用户带来了更加高品质的听觉享受。

三、智能电视和家庭影院系统

智能电视和家庭影院系统通过机电一体化技术，提供高质量的视听体验和智能化操作。

（一）智能电视

智能电视集成了多种先进技术，通过机电一体化技术实现了语音控制、手势识别和面部识别等智能功能。以下是对智能电视中各项技术及其应用的详细论述。

1. 多传感器集成

智能电视通过集成摄像头、麦克风和多种传感器，实现了丰富的交互功能和智能控制。

（1）摄像头

智能电视中的摄像头用于实现面部识别和手势识别。面部识别技术可以用于用户身份验证和个性化设置，摄像头捕捉用户的面部图像，并通过算法进行识别和匹配，提供个性化的内容推荐和设置。手势识别技术则允许用户通过特定的手势控制电视，如切换频道、调整音量等，提供更加便捷的操作方式。

（2）麦克风

智能电视内置的麦克风用于实现语音控制功能。通过麦克风阵列技术，电视能够捕捉用户的语音指令，并通过语音识别算法进行处理，执行相应的操作。用户可以通过语音指令打开应用、搜索内容或调节音量，享受更加智能和便捷的使用体验。

（3）其他传感器

智能电视还配备环境光传感器、距离传感器等，用于优化显示效果和用户交互体验。环境光传感器可以根据房间光线的变化自动调整屏幕亮度，提供最佳的观看效果。距离传感器可以检测用户的靠近和离开，自动调整电视的状态，如开启或待机，节约能源。

2. 高效的图像处理芯片

图像处理芯片是智能电视的核心组件之一，通过高效的计算能力，提供超高清画质和流畅的用户界面。

（1）图像处理

现代智能电视配备高性能的图像处理芯片，能够处理 4K、8K 等超高清分辨率的图像信号。图像处理芯片通过一系列图像增强技术，如动态范围扩展（HDR）、降噪、色彩校准等，提高画面的清晰度、色彩还原度和对比度，提供更加逼真的视觉体验。

（2）流畅的用户界面

图像处理芯片不仅负责图像显示，还处理智能电视的用户界面和应用运行。高效的图像处理芯片能够确保用户界面的流畅操作和快速响应，支持多任务处理，提供无缝的用户体验。在观看电视的同时，用户可以快速切换应用、浏览互联网或进行视频通话。

3. 显示技术

智能电视的显示技术是其提供高品质画质的关键因素。

（1）超高清分辨率

智能电视通常支持 4K 或更高分辨率的显示，提供细腻清晰的画面。高分辨率能够显示更多的细节，使观看体验更加逼真和沉浸。

（2）高动态范围（HDR）

HDR 技术能够扩大图像的动态范围，使明亮区域更亮，暗部细节更丰富。HDR 技术通过调整图像的亮度和对比度，提供更加真实的视觉效果，尤其适用于高质量的影视内容和游戏。

（3）量子点技术和 OLED 技术

量子点技术和 OLED（有机发光二极管）技术是当前显示技术的前沿。量子点技术通过使用纳米材料，提高色彩表现和亮度。OLED 技术则通过自发光的有机材料，提供更深的黑色和更高的对比度，进一步提高观看体验。

4. 智能功能和用户交互

智能电视的智能功能和用户交互体验得益于其多传感器集成和高效处理能力。

（1）语音控制

通过麦克风阵列和语音识别算法，智能电视能够识别用户的语音指令，实现语音控制功能。用户可以通过语音搜索影视内容、调节音量、切换频道等，享受便捷的语音交互体验。

（2）手势识别

摄像头和手势识别算法使得智能电视能够识别用户的手势动作，提供直观的手势控制。用户可以通过挥手来切换频道，通过特定的手势来调节音量或浏览菜单。

（3）面部识别

面部识别技术可以用于用户登录和个性化推荐。摄像头捕捉用户的面部图像，通过面部识别算法进行身份验证，为不同用户提供个性化的设置和内容推荐。智能电视可以根据不同用户的观看历史和偏好，推荐适合的影视节目和应用。

智能电视通过集成摄像头、麦克风和多种传感器，结合高效的图像处理芯片和先进的显示技术，实现丰富的智能功能和高品质的视觉体验。多传感器集成使得智能电视能够实现语音控制、手势识别和面部识别，提供便捷的用户交互体验。高效的图像处理芯片和超高清显示技术则可以确保流畅的用户界面和逼真的画质。机电一体化技术在智能电视中的应用，不仅提升了产品的功能性和用户体验，也推动了电视技术的不断创新和发展。

（二）家庭影院系统

家庭影院系统通过机电一体化技术，实现了高保真的音频效果和个性化的视听体验。

1. 自动化音频校准

自动化音频校准技术是家庭影院系统提供高质量音频体验的关键。

（1）房间声学测量

家庭影院系统内置的麦克风和声学传感器可以测量房间的声学特性，包括反射、吸收和混响。系统通过播放测试音频，利用传感器采集声波在房间中的反射和衰减数据。

（2）自动校准算法

基于测量数据，自动校准算法能够计算出最佳的音频设置，包括扬声器的距离、角度、音量和延迟等。系统会自动调整这些参数，以优化声音的传播路径和声场效果，提供均衡、清晰的音频体验。

（3）个性化调节

用户还可以根据个人偏好进行进一步的音频调节，如调整低音增强、高音提高等，以满足不同的听觉需求。

2. 智能控制系统

智能控制系统使家庭影院系统的操作更加便捷和个性化。

（1）集中控制

通过智能控制系统，用户可以通过一个设备（如智能手机、平板电脑或专用遥控器）控制家庭影院的所有组件，包括投影仪、音频接收器、扬声器和播放设备等。这种集中控制方式简化了操作，提高了使用便利性。

（2）语音控制

一些先进的家庭影院系统集成了语音控制功能，用户可以通过语音指令打开或关闭设备、调节音量、选择播放内容等。这种无接触控制方式进一步提升了用户体验的便利性和智能化程度。

（3）自动场景切换

智能控制系统可以预设不同的场景模式，如"电影模式""音乐模式""游戏模式"等。一键切换场景模式时，系统会自动调整音频、视频和环境设置，提供最适合当前活动的视听效果。

3. 电动投影屏幕

电动投影屏幕通过精密的机械设计和电子控制，提供了便捷和高效的显示解决方案。

（1）自动升降

电动投影屏幕可以通过遥控或智能控制系统实现自动升降。用户可以根据需要随时升起或放下投影屏幕，节省空间并保护屏幕表面。

（2）位置记忆

一些高端电动投影屏幕具有位置记忆功能，可以记住多个预设位置。用户可以根据不同的观影需求，快速调节屏幕到最佳观看高度和角度。

（3）静音操作

电动投影屏幕的机械设计还考虑了静音操作，使用静音电机和降噪材料，确保升降过程中不会产生噪声，影响视听体验。

4. 自动调节音箱位置

自动调节音箱位置的机械设计增加了音频效果和使用便利性。

（1）自动定位

通过内置的机械装置和控制系统，音箱可以自动调整位置和角度，以增加声场效果。在房间内播放测试音频后，音箱可以根据声波反射和吸收情况，自动移动到最佳位置，确保每个听众都能获得一致的音频体验。

（2）个性化设置

用户可以通过智能控制系统设置音箱的初始位置和预设角度。系统可以根据不同的使用场景和听众位置，自动调整音箱，提供个性化的音频体验。

（3）动态调整

在播放过程中，音箱位置和角度可以根据实时音频信号和环境变化进行动态调整。在观看电影时，系统可以自动调整音箱位置，以增强特定场景的声效表现。

家庭影院系统通过机电一体化技术，利用自动化音频校准和智能控制，可以取得高保真的音频效果和个性化的视听体验。电动投影屏幕和自动调节音箱位置的机械设计，进一步增加了整体的使用便利性和效果。通过这些先进技术的应用，家庭影院系统不仅提供了卓越的音频和视频表现，还增强了用户的交互体验和操作便捷性。未来，随着技术的不断发展，家庭影院系统将变得更加智能和个性化，继续为用户提供极致的视听享受。

四、机器人玩具

机器人玩具是机电一体化技术在娱乐领域的典型应用，结合了传感器、执行器和智能算法，为儿童和成人提供了互动性强、趣味性高的娱乐体验。机器人玩具不仅具备娱乐功能，还在教育和认知发展方面发挥了重要作用。

（一）教育机器人

教育机器人通过多种传感器和执行器，可以实现复杂的动作和交互功能，帮助学生学习编程和机器人技术。教育机器人通常配备红外传感器、触摸传感器等，以感知环境和用户的操作。红外传感器能够检测距离和障碍物，帮助机器人导航和避障，触摸传感器则用于用户输入，使机器人能够响应触碰指令。

执行器方面，电机和伺服器是教育机器人的核心组件。电机用于驱动机器人的移动，伺服器则用于控制关节和机械臂的动作，实现精确的定位和复杂的运动。通过编程，学生可以控制机器人执行各种任务，如绘画、搭建模型和解决迷宫等。这些实践活动不仅能够提高学生的动手能力和逻辑思维，还可以培养他们的编程技能和创新能力。

教育机器人还常常配备可编程接口和开发环境，使学生能够使用图形化编程语言或高级编程语言进行编程。通过这些工具，学生可以创建自己的程序，控制机器人的行为，探索编程的乐趣和奥秘。这种学习方式不仅生动有趣，还能激发学生对科学、技术、工程和数学（STEM）领域的兴趣。

（二）娱乐机器人

娱乐机器人通过精确的机械控制和智能算法，可以为用户提供丰富的娱乐内容和互动体验。这些机器人通常能够跳舞、唱歌、讲故事等，极大地丰富了用户的娱乐生活。娱乐机器人配备摄像头和麦克风，能够识别用户的面部表情和语音指令，做出相应的回应，从而实现高度互动。

摄像头用于捕捉用户的面部表情和周围环境，通过面部识别和物体识别算法，机器人能够识别用户的情绪和周围的物体。当用户微笑时，机器人会回应微笑或做出开心的动作；当检测到障碍物时，机器人会避开。麦克风则用于接收语音指令，通过语音识别和自然语言处理技术，机器人能够理解用户的语音命令并执行相应的操作。用户可以让机器人讲故事、唱歌或表演节目，机器人会根据指令进行相应的表演。

娱乐机器人还具备学习和适应能力，其能够根据用户的使用习惯和偏好调整自己的行为。机器人可以记住用户的喜好，推荐适合的娱乐内容；通过不断与用户互动，机器人还能逐渐适应用户的指令方式和习惯，提供更加个性化的服务。这种互动不仅增强了用户的娱乐体验，还使机器人显得更加智能和友好。

机器人玩具的设计还注重安全性和耐用性，采用柔软的材料和安全的机械结构，确保在互动过程中不会对用户造成伤害。电池管理系统和节能设计也保证了机器人长时间的续航和稳定的性能。

机器人玩具通过机电一体化技术，将传感器、执行器和智能算法结合起来，实现了高度的互动性和丰富的娱乐内容。教育机器人帮助孩子们学习编程和机器人技术，培养他们的创新能力和动手能力；娱乐机器人则通过精确的机械控制和智能算法，提供跳舞、唱歌、讲故事等丰富的娱乐内容，并能识别用户的面部表情和语音指令，做出相应的回应。这些机器人玩具不仅为儿童和成人提供了乐趣，还在教育和认知发展方面发挥了重要作用。通过不断的技术创新和优化，机器人玩具将继续提高用户的娱乐体验和学习效果，为智能娱乐设备的发展注入新的动力。

五、技术优势

机电一体化技术在娱乐电子产品中的应用带来了诸多技术优势。

（一）增强互动性和沉浸感

增强互动性和沉浸感是现代娱乐电子产品的关键目标。通过高精度的传感器和执行器，这些产品能够实时响应用户的动作和指令，提供逼真的使用体验。高精度传感器（如加速度计、陀螺仪、红外传感器等）能够准确捕捉用户的动作、位置和环境变化，将数据传输给嵌入式系统，系统快速处理并通过执行器（如电机、振动马达、扬声器等）做出响应。在虚拟现实（VR）设备中，头部追踪和手势识别传感器精确感知用户的运动，系统实时更新虚拟环境，使用户感觉仿佛身临其境。同样，在智能音箱和降噪耳机中，麦克风阵列和音频处理技术实时分析环境声音和用户指令，提供高质量的音频输出和智能交互。这种实时响应不仅提高了娱乐电子产品的互动性，还大大增强了用户的沉浸感，使用户能够更自然、更深刻地融入虚拟环境或互动体验中，从而获得更丰富和愉悦的使用体验。

（二）提高音视频质量

机电一体化技术通过提高音频设备和显示设备的性能，显著提高了音视频质量，提供高保真的音质和超高清的画质，从而大大提高了用户的视听体验。高性能扬声器和音频处理器能够精确还原音频信号，提供清晰、饱满的声音效果。同时，先进的显示技术，如 4K 和 8K 分辨率、HDR（高动态范围）和 OLED 显示屏，可以提供更高的画质，使色彩更加真实，细节更加丰富。通过这些技术，娱乐电子产品不仅实现了更高的音频和视频质量，还增强了用户的沉浸感和满意度。

（三）智能化操作

通过嵌入式系统和智能算法，娱乐电子产品具备了智能化的操作功能，如语音控制、手势识别和自动调节，提供了更加便捷和人性化的使用体验。嵌入式系统能够快速处理用户的指令和传感器数据，智能算法则使设备能够理解和响应复杂的用户需求。语音控制功能允许用户通过简单的语音命令来操作设备，手势识别可以让用户通过自然的手部动作进行控制，自动调节功能则根据环境条件和用户偏好优化音量、亮度等设置。这些智能化功能使娱乐电子产品更加易用、灵活，提高了整体用户体验。

（四）多功能集成

机电一体化技术使得娱乐电子产品能够集成多种功能和应用，实现一体化的娱乐解决方案，满足用户的多样化需求。智能电视不仅具备传统电视的显示功能，还集成了流媒体播放、游戏、视频通话等多种应用。通过传感器和执行器的协同工作，这些设备能够提供语音控制、手势识别和个性化内容推荐等智能功能。多功能集成不仅提高了设备的实用性和便利性，还为用户提供了丰富的娱乐体验和更高的价值。

机电一体化技术在娱乐电子产品中的应用，通过融合多学科的技术优势，实现了设备的智能化和高效化。它不仅提高了娱乐设备的性能和用户体验，还推动了娱乐产业的创新和发展。未来，随着技术的不断进步，机电一体化技术将在娱乐电子产品中发挥更加重要的作用，为用户带来更加丰富和多样化的娱乐体验。

第七章　创新技术与前沿发展

在当今快速发展的科技时代，创新技术不断推动着各个领域的进步和变革。本章将探讨几项关键的前沿技术及其应用，着重于人工智能与机电一体化、机器人技术以及可持续技术与环境影响。本章第一节将深入探讨人工智能如何与机电一体化相结合，推动自动化和智能化的发展，提高设备的性能和效率。第二节将介绍机器人技术的最新进展，涵盖工业机器人、服务机器人和智能机器人等多个方面，展示其在不同领域的广泛应用和潜力。第三节将关注可持续技术的发展及其对环境的影响，探讨如何通过技术创新实现绿色环保和资源高效利用，促进可持续发展。这些前沿技术不仅代表了未来发展的方向，也为解决当前社会和环境问题提供了新的思路和解决方案。

人工智能与机电一体化

人工智能是新时期下适应人类生产生活方式转变的新兴技术手段，该技术能够有效提高人们的生活质量和行为习惯，对于人们的衣食住行多个方面都给予了一定程度上的帮助，是建设现代社会的重要支撑。事实上，人工智能技术是对人脑逻辑思维过程进行技术化仿真模拟的过程，基于人工智能技术所展现出的技术表现效果更加贴合人类自身的思维模式与行为方式。目前来看，诸如智能机器人、集中化数据管理系统等人工智能技术应用成果均已投入实际应用过程中，逐渐形成了相对完善的人工智能体系，尤其是在高精尖领域中得到了深度应用。而对于制造业来说，人工智能技术则是以技术手段提高了工业生产的质量和效率，同时也降低了对于人工操作的依赖，解放了劳动力，为经济效益的增加创造了有利条件，是节省经济成本和人工损耗的重要方式。机电一体化技术是近年来科技发展中的重要技术成果，该技术兼具科学领域内的综合性和专业性，不仅能够更加广泛地覆盖到大量的技术应用领域，也将技术应用的实际难度和现实效果做出了有效的整合，在计算机电子、机械、通信以及自动化等技术领域内受到了广泛的关注。目前来看，机械制造领域对于机电一体化技术的发展起到了至关重要的作用，一方面是将机电一体化技术与机电产品和机械制造的工作流程相结合，将原本分离独立的电子和机械做出整合，实现两者的有效交互和有机结合；另一方面则是通过机电一体化技术实现机械工业生产的智能化、信息化，适应当前日益多元化的产品需求，推进机械制造行业的现代化转型发展。

一、人工智能技术在机电一体化系统控制中的应用

（一）神经网络技术的应用

神经网络控制技术的完整运算过程主要包括信号的前向传播和误差的反向回传，即当对应的神经网络系统的误差输出时，将按照从输入到输出的方向进行，而在进行误差输入的时候，则需要经过从输出到输入的过程。当其处于正向传播状态时，所输入的信号从输入节点开始，将会通过非线性变换，逐层作用于对应的神经元，并在此基础上形成输出信号；如果该过程中的实际输出值与期望值之间存在偏差，则其将会反向回传，而这个过程是经相应的误差量从输出层，经过隐含层反馈至输入层，并依托对应的误差回传过程，调整各层神经元的权值、阈值，保证对应的误差沿梯度方向降低。在经过反复训练后，如果其信号误差已经满足初始设定的最小误差需求，则神经网络控制系统的训练即可结束。针对神经网络系统进行大量训练之后，该系统可拥有较强的、对类似信息进行有效处理的能力。

神经网络的整个运算过程可以概括为学习期和工作期两个阶段。在学习期，系统的各层级神经元处于固定不变的状态，而相邻层级连线上的权值和阈值，则主要通过对应的学习过程和信号的误差反馈进行调整与修改，在这种方式之下，可以最终确定与实际情况相适应的神经网络具体结构。在工作期，相关的神经网络需要利用自身所获取的神经网络结构，逐层计算神经单元状态的变化，最终进入相对稳定的状态。通过其原理可以了解到，神经网络系统的本质就是对各层级神经元权值和值进行调整的过程，而大量的数据样本训练则是使其神经元权值与阈值接近需求的过程。

（二）模糊控制技术的应用

模糊集合理论的形成为机电控制技术指明了新的方向。该理论认为，表征某一事物隶属某一集合的特征值不只有整数 0 和 1，可以是两者之间任何一

个数值，其取值大小可以近似表征为归属某一集合的程度。基于此，可以将特征函数的取值范围由开区间（0，1）扩展至闭区间 [0，1]。模糊集合隶属函数大致有 5 种，即三角形、梯形、钟形、高斯型和 Sigmoid 型。而在对应的工程中，确定模糊集合隶属函数则可以通过以下方法实现。

1. 模糊统计法

这种方法是根据相应的模糊概念，依托大规模的调查和统计分析，通过相关数据的频次，确定模糊集合的隶属程度。这种方法在应用的过程中整体工作量相对较大。

2. 二元对比排序法

这种方法在应用过程中是通过进行两两对比的方法进行统计，从而确定相关元素在对应特征之下的整体隶属程度。

3. 菲尔德法

这种方式是依托从业人员在实际工作中的经验，确定隶属函数的方法。

4. 神经网络法

这种方法是依托神经网络的学习和自适应过程，处理大量的数据并生成对应隶属函数的方法。

模糊控制器在结构方面主要由精确量的模糊化、数据库、控制规则和模糊量的精确化等各个部分共同组成。其各部分具体功能如下：

1. 精确量的模糊化

在相关的机电一体化系统中，输入、输出均是精确物理量，在对应控制器的输入位置，需要将精确的物理量转变成为模糊量，从而便于实现模糊控制。

2. 数据库

在相关机电一体化系统中，数据库与规则库共同构成知识库，数据库本身也具有3个部分：第一部分是相关控制规则在应用过程中所需要信号的论域；第二部分是输入输出信号空间的模糊分档；第三部分是隶属函数及其说明。

3. 控制规则库

规则库主要包含由专家或者学习过程所获得用语言叙述的规则集，相关规则集包含控制过程状态变量和控制变量的选择、内容、顺序等。

4. 合成、决策逻辑

对应的模糊控制器在实际应用过程中，依托合成、决策逻辑模仿人类的行为和思维，从而实现决策过程，该过程主要依靠相应数据库和规则库的结果，有效推断出对应的控制信号。

5. 模糊量的精确化

该过程需要将对应控制器输出模糊量，以较为合理的方法转化成为精确量，以便于机电一体化设备的控制系统使用。

二、人工智能在机电一体化系统故障诊断中的应用

（一）人工智能故障诊断的内涵

在当前社会环境下，各类复杂的机电一体化设备被广泛应用于各个领域，相关的机电一体化系统结构各异，且工作方式不同，而不同的诊断领域在实际工作中所需要采取的具体诊断策略也是不同的。尽管如此，在诊断过程中仍然可以将相关设备看作一个具体的系统，而智能诊断的目的则是通过使用领域知识，依托推理手段，明确相关系统的具体状态和故障原因。

以现有的机电一体化系统为例，相关系统本质仍然是由各类元素共同构成的，较为低层的元素可以集合为一个高层的元素，以此类推，直至最高层的元素。而一个复杂的机电一体化系统，在对其进行分解的过程中，可以将其分解为系统级、子系统计、部件级和元件级等多个层次。这一特征的存在，也让机电一体化系统的故障本身具有着较强的复杂性。这是由于机电一体化系统的各个部件之间存在着相互联系、紧密耦合的关系，因而会导致对应的故障和征兆之间呈现出错综复杂的关系，如同一故障现象对应着多种征兆或是同一征兆引发多个故障等。

人工智能诊断系统实质上是在一定的指导下通过自动检测机电一体化系统的各层级元素，提取故障特征，并以此作为基础展开推理活动，从而确定具体的故障原因。人工智能的核心是思维，人类的思维活动是通过感觉器官接收外界信息，并通过传导神经所获取的信息反馈至思维器官进行决策。人工智能诊断技术正是对这一过程的模拟，该过程需要进行对应的信息获取、传递、处理和再生，并利用所获取的诊断信息，判断和预测机电一体化设备的状态。

（二）机电一体化智能诊断系统的结构

为了更好地诊断复杂机电一体化系统故障，充分利用人工智能技术是关键。复杂的机电一体化智能诊断系统分为多个部分，包括人机接口模块、诊

断推理模块、诊断信息获取模块、解释机构、知识库等。其中，人机接口模块的主要功能是控制协调系统，推理诊断模块则是依托相应的知识和故障信息诊断具体故障问题和原因，诊断信息获取模块则是通过主动、被动、交互等方式，获取具有较高价值的诊断信息，解释机构则是向用户提供对应的诊断咨询或诊断结果。人工智能故障诊断系统的功能特点主要有以下几个方面。

1. 综合利用信息与方法，有效解决诊断问题

人工智能机电一体化诊断系统在工作中，可以利用既往的专家经验，避免在信号处理过程中进行过多复杂的实时计算，保证诊断时间的可控性和诊断结果的准确性。

2. 诊断系统结构的模块化

现阶段，机电一体化智能诊断系统的模块化程度较高，这种方式可以帮助其便利地调到其他应用程序。例如，可以通过加入维修资讯模块的方式，让对应的人工智能诊断系统在诊断完故障后，提供维修咨询信息，或提供设备的维修知识等，这有助于人们在实际工作中迅速排除机电一体化系统的故障。

3. 人机交互诊断功能

由于机电一体化系统整体较为复杂，在故障诊断过程中除了需要常规的经验，还需要利用其他方面的知识。鉴于此，以人机交互为手段，让用户能够在恰当的时机参与对机电一体化系统的诊断过程，这样可以显著提高诊断工作的准确性。

4. 诊断系统的学习功能

学习功能是当前人工智能诊断系统较为重要的特征，目前机器学习的作用已经受到人们的重视，由于现代机电一体化系统整体较为复杂，无法完全依靠专家和现有的知识使对应的诊断系统达到较为理想的诊断水平，针对这种现象，必须依托智能诊断系统自身的学习能力，主动获取各类知识，最终充分提高诊断系统的性能。

（三）人工智能诊断系统的应用

人工智能诊断系统在现阶段通常由多级功能菜单共同组成，主菜单包括相应的诊断任务管理、知识库建立与维护、诊断信息获取、诊断推理和诊断解释等多个项目，在此之下还存在多个子菜单。其中，诊断任务管理可以针

对用户的不同诊断需求，共同进行多个诊断任务。而知识库的建立与维护，在现阶段的人工智能诊断系统之中包括故障诊断模糊关系、事实等，依托这一模块的功能，相关用户在推进诊断活动的过程中，可以比较准确地把握故障现象和故障原因。用户在管理的过程中也可以借助这一模块，对规则库进行输入、修改、添加和浏览等，便于提高诊断系统的工作质量。

诊断信息获取模块在应用过程中，可以通过多种方式获取相应的诊断推理信息，如通过交互、传感器自动获取等，在该过程中也可以将一些经过专家仔细分析后得到的可用信息，以交互的方式纳入，从而提高诊断效率。

诊断推理模块则是在获取机电一体化系统的故障征兆信息和故障诊断模糊关系矩阵之后，通过模糊诊断的方式获取多个导致故障的原因，并按照预定的阈值优先排除隶属度相对较小的故障原因，可保留隶属度相对较大的故障原因。在此基础上，通过启用与故障原因具有较强相关性的规则展开推理，从而有效验证故障原因，并得出结论。

规则推理本质上是在多个符合条件的原因中选择明确程度较高的规则，或考虑更多数据的规则，这种推理方法将能够最大限度地降低诊断过程中出现错判的可能性，但从这一机制的特征可以了解到，该方法是存在漏判可能性的。模糊诊断推理的核心内容是依托相应的故障征兆隶属度，分析各类故障原因的隶属度，在此之后采取最大隶属度法，或以阈值判断的方法形成较为准确的诊断结果，但该方法仍然存在错判和漏判的可能性。在实践过程中，相关单位和人员可以将两种方法相结合，尽量降低漏判和错判出现的可能性。诊断解释模块可以对相关系统初始的诊断信息和诊断推理过程中的各类信息进行解释，如所获取的故障征兆、中间结果和诊断结果，同时可以针对相关诊断过程中的推理过程和推理路径进行记录，并针对推理过程进行相应的解释。

三、人工智能在机电一体化系统中的应用

机电一体化设备。机电一体化系统具有极强的专业性，这意味着其中所涵盖的理论知识和操作技能涉及大量的专业领域。因此，相关操作人员和工作人员必须具备足够的专业素养和实践经验才能够熟练地应用机电一体化设备。针对这一现象，行业为机电一体化设备操作提出了明确的操作准则和行为规范，在一定程度上保证了机电一体化系统的运行效果，但并不能够从技术层面解决当前节点一体化设备的运行障碍。然而，人工智能技术的应用却

能够有效改善机电一体化设备的应用状态，通过人工智能技术，工作人员可预先设定相应的程序和流程，以智能化的操作方式为机电一体化设备提供运行方案，从而由系统和程序自身完成自检与运行，实现智能化运作。由此一来，人工劳动得到了解放，可更多地投入产品创新设备维护和专业培训等方面。

汽车的智能制造。目前，制造业得到智能化发展主要体现在智能制造技术、智能制造系统两个方面。首先是智能制造技术，智能制造技术主要是以技术手段实现对工业生产和机械制造等生产环节和工作流程的自动监控与实时分析，通过智能化的分析流程和运作方式实现对生产制造的智能化管控。其次是智能制造系统，智能制造系统是对人机交互优化与改良，是通过智能技术、信息技术等技术方式完善人机交互流程的过程，基于计算机技术所进行的机械产品智能化改革，不仅能够拓宽智能化机械产品的研发和应用领域，还是引领机械制造领域进行现代化发展的重要导向。以汽车产品的制造生产为例。近年来，人们的生产生活方式逐步呈现出多元化、现代化的趋势，此时对于汽车产品的需求也出现了转变，为适应这一需求的变化，汽车厂商开始丰富汽车的结构和组件，这就要求汽车制造的工艺技术和设备也要做出现代化的调整，由此才能够适应当前汽车制造的现实需求。传统的汽车制造工艺在调整组件结构和汽车交互等方面存在一定的阻碍，同时在智能化应用方面也并不成熟，诸如汽车速度的控制，该方面的落实需要从汽车档位、油门和路况等多个方面做出综合的考量，该效果通常需要人工操作去实现，但人为要素的融入并不能够充分保证汽车速度控制的实际效果，而机电一体化技术和智能化技术的应用可以同时实现路况检测、信息收集、数据分析和自动控制，以智能化、自动化的运行方式精确完成汽车速度的控制，从而丰富汽车产品的功能。

电气控制系统。人工智能技术的应用效果是多个方面的，从工作效能、产品质量、基础构造以及成本控制等方面都得到了体现。以电气控制系统中的技术应用为例进行分析能够发现，诸如模糊控制、数据管理系统等人工智能技术表现良好，模糊控制从语言、自变量模糊推理等内容中实现了对电气控制系统操控目标的精确锁定和分析，而数据管理系统则是充分整合了其他的电器控制部分，从智能化技术的角度去优化专家系统控制理论，从而增强电气控制系统的操作性和稳定性。

四、人工智能与机电一体化的发展趋势——智能化趋势

在经济全球化的发展背景下，智能化发展趋势是多个领域和行业所面临的共同问题。近年来，我国在人工智能方面的研究不断深入，所产生的可实践性应用技术也在持续增加，目前基于人工智能理论和人工智能技术所形成的技术体系在机电一体化发展中逐步得到了体现，其所提供的思维逻辑和技术体系更是帮助机电一体化实现了生产制造方面的优化。

模块化趋势。根据机电一体化的技术结构和技术内容来看，其所涵盖的生产类型和生产单位相对复杂。因此，在进行技术研究和产品开发时的难度普遍较大。对此，我国开始推进机电一体化的模块化发展，通过制定相关标准的方式对产品的研发和生产进行模块化，以此来为资源的精确投入和产品的深度开发提供保障。

绿色化趋势。工业是推动社会发展和产业构建的重要动力，但现代工业的发展过程中所产生的资源损耗和环境污染已经威胁到了人们的生存环境。近年来，人们越发重视生态环保建设，因此，绿色生产的概念也开始引入机电一体化技术中，诸如可降解材料、环保型能源等要素正是机电一体化绿色化发展的重要表现。

网络化趋势。计算机信息网络的应用已成为人们日常生产生活中不可或缺的组成部分，尤其是在 5G 网络日益普及的今天，网络基础设施的建设为信息技术和网络技术的发展进一步提供了有利条件。网络化、信息化的趋势不可避免地也会影响到机电一体化的技术，如扫地机器人、智能设备等常见的生活用品中都能够实现智能操作和远程遥控，这是智能技术和网络技术的应用成果。因此，网络化趋势也是机电一体化技术未来必然的发展趋势微型化趋势。

微型化趋势是顺应近年来市场需求变化的产品调整和技术优化，通常表现在产品体积缩小和系统规模优化方面。目前，部分产品和设备通过体积的变化实现了产品损耗和能源损耗方面的改善，对于机电一体化技术来说，同样如此，精密技术和设备的使用必不可少。

机电一体化技术的发展与人工智能技术的应用有着紧密的关系，两者在理论体系应用领域和未来发展等方面相辅相成，在融合发展中逐步实现智能化、绿色化、模块化、微型化和网络化，最终成为社会主义现代化建设的强劲技术动力。

机器人技术

机电一体化技术是实现了电子技术、机械技术、信息技术和控制技术等多种高新技术的产物，是一门新兴的综合性技术学科，逐渐得到了社会各界关注，并成为助推现代工业化生产与经济发展的高新技术。工业机器人属于机电设备一体化技术的典型装备，该装备能借助操作中各运动构件的运动来实现手部作业的动作功能，并逐渐融入社会制造加工各行业。基于此，本文研究了机电一体化技术在工业机器人领域的应用要点。

一、现代工业对工业机器人的应用要求

（一）机械零部件的高精度

工业机器人的机械零部件主要包括控制器、臂、传感器、末端执行器等，且大多数的工业机器人要满足"0.001英寸或更高精度"的要求。当前各机械制造行业所运用到的机器人有着小型、精密的特点，因而对零部件的精度也提出了更高的要求，确保工业机器人领域能朝着更为标准化、精细化的方向发展。只有确保零部件的精度达到标准，才能从根源上提高机器人运动时的精确度。例如，机器人机械臂、电机等零部件的精度不够，那么必定会导致机器人运动时的末端位置和实际需求存在较大偏差，影响机器人的使用效率和质量。

（二）传动系统的高精度

传动系统是否稳定准确会直接影响工业机器人的应用质量。当传动系统不稳定时，则会导致机器人末端运动的精确度下降，机器人无法更高效准确地传递相关物品。在未来工业机器人的研发和制造中，尤其要关注到传动系统的精准度问题，及时采取行之有效的措施来保障传动系统维持高精度，以确保机器人的运行。

（三）制造装配科学合理

制造与装配是工业机器人研发后的关键性步骤，也与机器人后续是否能顺利完成作业有密切关联。若制造环节有漏洞或是装配时不注意细节问题（如技术人员未能综合考虑到机器人各零部件的性能问题），都会影响机器人运

动末端的准确性，甚至造成不良事故，影响企业的良好声誉。为此，现代工业时代下的工业机器人在制造、装配的过程要科学合理，严格控制各细节处理并把握好对机器人末端负载能力的控制，从而确保机器人始终在稳定的状态下运动和作业。

（四）精度高

从工业机器人的运用实践来看，通常大多数工业机器人在最初使用时的精密度都较高，然而，随着运用时间的推移，零部件开始遭受一定程度的磨损，会对其精度造成一定影响。导致精度问题的原因主要有两点：一是机器人使用过程中零部件出现磨损，长期重复的运作会干扰到机器人的定位精确度；二是随着传动链的增加，也会在一定程度上影响机器人的精度。故现代工业对机器人的精度保持性能提出了相应的要求，以免工业机器人的使用效果大打折扣。

二、机电一体化技术在工业机器人领域的具体应用

（一）应用于工业机器人轴电机位置检测

工业机器人的制造阶段就要严格控制好其运动精度，从根源上保障机器人转动轴精度。在工业机器人设计安装时，就要严格按照所设定的相关参数和要求，及时校对参数指标，确保安装后各轴能符合工业机器人运用的要求。工业机器人工作时的主要动力是电机，为了确保能发挥出机器人的最大性能，就需要检测该电机的性能是否达标。伺服电机是工业机器人中最基础的电机类型，常被称作工业机器人的"心脏"。伺服电机在自动装置中被用作执行元件的微特电机，其功能是将电信号转变为转轴的角位移或角速度。机电一体化技术可用于对机器人轴电机位置的检测，且该技术具备检测准确性较高的特征。例如，对某工业机器人的伺服电机反馈位置进行检测时，就可发挥出机电一体化技术的作用。具体检测中要分析同心安装编码器，若编码器属于1024或2500线的增量型编码器，那么该伺服电机圈是4096或10000个脉冲。需要注意的是，技术人员可通过直接观察驱动器的编码器外置反馈参数来对机器人轴电机位置进行检测，在运用该技术方法时，要提前清零机器人起始位置的脉冲计数。通过运用机电体化技术来检测工业机器人的轴电机位置，不仅能实现对机器人生产活动的实时观察，还能对机器人的运动轨迹进行更新与矫正，从而及时发现错误，规避故障风险，保障工业机器人的正常运行。

（二）应用于工业机器人核心部位测量

　　工业机器人本就属于精密装备，被誉为"制造业皇冠顶端的明珠"。工业机器人作为集智能化、自动化等先进技术为一体的工业自动化设备，在现代工业生产体系中占据越发重要的地位。工业机器人三大核心零部件包括控制器、RV 减速器和伺服系统，占据机器人生产成本的 70% 及以上。此外，还包括诸如传感器、末端执行器等零部件。RV 减速器属于精密的动力传达结构，它能有效降低转速，传递更大扭矩，为工业机器人的稳定精确运用创造了有利条件，但当前国内生产的减速器存在着寿命短、发热量大等不足，还需予以重视。工业机器人中涵盖多个轴关节的减速器，为了确保机器人能平稳运行，就需要利用机电一体化技术加以测量，以此来了解减速器的使用状态。机电一体化技术还能实现在线监测，能根据轴关节的振动频率、幅度等来窥见机器人当前的运动状态。若轴关节运动频率和设计不符时，系统会发出警告，要求工业技术人员处理问题，方可确保机器人运动的稳定性。又如，可将机电一体化技术应用于控制器这一核心部位的测量中。控制器被形象地称作工业机器人的"大脑"，它包括控制柜等硬件和编程程序等软件，能接收与处理工业机器人工作运行的全部信息，随后根据得到的信息来驱动各个同服电机。工业机器人具备系统化的特征，其各核心部位间相互联系，利用机电一体化技术加以测量，是维护工业机器人运行平稳和安全的重要法门。

（三）应用于工业机器人运动轨迹

　　规划工业机器人的运动轨迹可以理解为其末端执行器的运动轨迹，其涵盖机器人运动点位置、运动姿态、机器人运动速度以及加速度信息等。现代工业中，机器人的运动轨迹是其顺利完成各项任务的基础条件受限于当前的工作环境，工业机器人的运动轨迹往往会比较固定，只需按照系统提前设置的程序要求来运行即可。需要明确的是，在此过程中，机器人运动轨迹的规划离不开机电一体化技术的应用。技术人员先结合机器人当前的运动工况特点和企业生产的实际需求来确定运动的目标位置，结合运动学公式和机械运动学模型来算出机器人轴运动的量，并用工控机的驱动器将所算出的数据下发到各个驱动电机中。在此基础上，再在电子计算机上输入特定的运动轨迹指令程序。在机器人运动时，注意观察是否符合轨迹规划的要求且各轴的运动状态是否正常，统计分析出机器人的运动量。通过机电一体化技术的应用，能有效保障机器人运动中各轴的同步和协调，机器人整体的运动行为和轨迹都和预期的标准相符，整个运动状态良好。总之，依托机电一体化技术来维持机器人正常的运动轨迹与状态，能有效提高机器人的运动精确度和可靠性，为现代工业生产与发展奠定坚实基础。

（四）应用于工业机器人工作环境管理

随着"工业4.0"和"中国制造2025"的相继提出和深化，工业机器人应用更为广泛。工业机器人的出现能替代部分制造业的流水线人员，在提高生产效率的同时也降低了安全隐患，这意味着我国工业制造迎来了新格局。工业机器人的工作环境，即应用场景不断增多，应用类型也丰富多样，如磨抛加工机器人、焊接机器人、激光加工机器人、真空处理机器人、喷涂机器人等。在作业过程中，工业机器人对于周围环境都存在着较高的要求，不仅温湿度要适当，还要避免受到周围的电磁信号干扰，以免在电磁信号影响下导致机器人的运动轨迹改变。机电一体化技术是实现对工业机器人工作环境管理的有效技术手段，具体可通过PLC来操作。PLC能实现对工业机器人工作环境温湿度的自动化调节，为机器人的运用创造出更为稳定和谐的环境，以免因外界环境温度过低等问题导致机器人启动慢而效率低下，抑或环境温度过高而影响机器人的智能操作，能够将各种影响因素扼杀在摇篮中。

（五）应用于工业机器人智能研发制造

2022年，《华尔街日报》称全世界的工业机器人数量已经达到350万台。《2022年全球机器人报告》提出，中国制造业的机器人密度升至322台/万人，且《"十四五"机器人产业发展规划》提出，预计到2025年，我国将会成为全球范围内工业机器人技术的创新策源地和应用新高地。在工业机器人的研发和制造中，机电一体化技术均发挥出了重要价值。一方面，工业机器人的研发包括六大步骤，分别是对需求的分析和机器人产品的定义、前期研究和可行性分析、计算与仿真机器人、开发驱动系统、机械设计、控制柜设计。完成上述研发流程后，由技术人员来找出问题并改进，确认无误后再由生产部门生产出工业机器人的成品。在机器人的智能研发过程中，可融入机电一体化技术，以计算与仿真环节为例，联合仿真技术属于机电一体化技术发展的产物，它能减少所研发出的工业机器人的故障问题，突破设计环节的"瓶颈"。另一方面，机器人的制造包括设计、制造、装配、环、手臂（机械臂）、手腕、控制器连线、装置、质量管理等不同环节。以机械臂的制造为例，为了确保机器人运用效率和质量的提高，可利用机电一体化技术来增设自动导航功能，并结合电子信息技术、传感技术等提高机器人操作效率，强化分类性能，从而让机器人的运用能达到甚至超出预期效果。

立足现代工业视域分析，需要确保工业机器人机械零部件和传动系统有较高的精度，且机器人制造装配过程科学合理，精度保持的性能较为优越。将机电一体化技术应用于工业机器人中，主要可围绕机器人轴电机位置检测、机器人核心部位测量、机器人运动轨迹规划、机器人工作环境管理、机器人智能研发制造等方面。强化机电一体化技术的应用能有效提高工业机器人的精度和可靠性，最大限度地发挥出机器人的使用价值，创新工业生产模式具有较为广阔的应用前景。

可持续技术与环境影响

机电一体化技术是将机械工程、电子工程、计算机科学、控制工程等多学科进行集成和融合的一门技术。它的应用涵盖工业自动化、机器人技术、汽车工业、医疗设备以及消费电子等众多领域。机电一体化技术通过智能控制系统、高精度传感器和执行器的结合，实现了设备和系统的自动化、高效化和智能化。

一、可持续技术的必要性

在现代工业和社会发展过程中，能源消耗和环境污染问题日益严峻。可持续技术旨在减少资源消耗和环境污染，实现经济、环境和社会的协调发展。其核心理念是通过技术创新和优化设计，提高资源利用效率，降低废物排放和生态足迹，从而推动社会的可持续发展。资源消耗的挑战、环境污染的危害以及经济、环境和社会的协调发展需求，使可持续技术显得尤为重要。通过新材料研发、绿色制造、能源技术等手段，结合技术创新与优化设计，推动绿色经济、改善社会福利和提高公众环保意识，能够有效应对这些问题。可持续技术不仅关注环境和资源问题，还致力于促进社会公平与发展，推动绿色经济和绿色就业，提高社会福利和公共服务。未来，在政策引导和技术进步的共同作用下，可持续技术将进一步发展和普及，为实现全球可持续发展目标作出更大的贡献。

二、机电一体化技术在可持续发展中的应用

机电一体化技术在推动可持续发展方面发挥着重要作用，其应用涉及多个方面。

（一）能效优化

机电一体化系统通过智能控制和优化设计，在各个领域实现了显著的能效提升。这种技术不仅提高了生产效率，还最大限度地降低了能源消耗，体现了可持续发展的理念。

在工业自动化领域，现代工业机器人和自动化生产线通过机电一体化技术，实现了高效能运行。通过实时监控系统，机器人和生产线能够即时获取工作状态和环境参数，这些数据包括温度、湿度、压力等。智能控制系统利用这些数据，动态调整机器人的运动轨迹、速度和操作顺序，确保以最优的能耗完成生产任务。在汽车制造业中，焊接机器人通过精确控制焊接时间和能量输入，既保证了焊接质量，又降低了电能消耗。同时，自动化生产线利用智能调度算法，优化生产流程，减少设备闲置时间和无效运转，从而进一步降低了整体能耗。

智能楼宇系统是机电一体化技术在建筑领域的典型应用。通过集成多种传感器和控制设备，智能楼宇系统能够实现对照明、空调和供暖系统的智能控制。环境传感器实时监测室内外的温度、湿度、光照强度等数据，并将这些信息传输到中央控制系统。中央控制系统根据预设的节能策略和用户需求，自动调节各个子系统的工作状态。智能照明系统能够根据室外光照变化和房间使用情况，自动调节灯光亮度或开关状态，在保证照明效果的同时节约电能。空调和供暖系统则通过智能温控器，实现精准的温度调节，根据室内人数和活动情况动态调整制冷或制热量，避免了不必要的能源浪费。

机电一体化技术还应用于能耗管理和优化软件系统中，这些系统能够对能源使用情况进行全面的监测和分析。通过大数据分析和人工智能技术，能耗管理系统能够识别能源使用的规律和潜在的节能机会。系统自动生成能效优化方案，并通过智能控制设备实施这些方案。在制造业中，能耗管理系统可以识别高能耗设备和工艺环节，通过改进设备维护策略或调整生产工艺，可以显著降低能耗。在商业建筑中，系统可以优化供电模式和用电策略，平衡峰谷电价，实现经济和节能的双重目标。

能效优化是机电一体化技术的重要应用领域，通过智能控制和优化设计，

各个领域的能效显著提高。工业自动化系统通过实时监控和动态调整，保证高效生产的同时降低了能源消耗。智能楼宇系统通过集成传感器和控制设备，实现了对照明、空调和供暖系统的精准调控，显著降低了建筑能耗。能耗管理和优化系统通过数据分析和智能控制，进一步挖掘节能潜力，实现了经济效益和环境效益的双赢。未来，随着机电一体化技术的不断进步和应用推广，能效优化将在更多领域发挥重要作用，为实现可持续发展目标提供有力支持。

（二）资源节约

机电一体化技术通过高精度的传感器和智能控制系统，在多个领域实现了资源的优化使用和显著的减少浪费。此技术不仅提高了资源利用效率，还推动了可持续发展。

在农业领域，智能灌溉系统是机电一体化技术的典型应用之一。该系统集成了多种传感器，如土壤湿度传感器、温度传感器和气象传感器，这些传感器能够实时监测土壤和环境的各种参数。智能控制系统根据传感器数据，结合作物的需水规律，精确计算每个灌溉周期所需的水量，并通过自动控制灌溉设备，按需供水。这种精准灌溉方式避免了过度浇灌和水资源浪费，显著提高了水资源的利用效率。在干旱地区，智能灌溉系统通过合理调配水资源，不仅满足了农作物的生长需求，还保护了地下水资源，防止了水资源枯竭。

在制造业中，机电一体化技术通过高精度传感器和智能控制系统，实现了对原材料使用的精确控制，减少了生产过程中的浪费。智能生产线配备了先进的传感器，如光学传感器、激光测距传感器和质量传感器，这些传感器能够实时监测生产过程中的各项参数，如原材料的尺寸、重量和位置。智能控制系统根据传感器反馈的数据，动态调整生产设备的运行状态，确保每一个生产步骤都在最优条件下进行。在金属加工行业，智能生产线能够精确控制切削深度和进给速度，最大限度地利用每一块金属材料，减少切削废料的产生。此外，通过自动化装配和检测设备，能够实现对产品的全程质量监控，降低了次品率和返工率，进一步节约了资源。

在资源节约方面，智能仓储系统也是机电一体化技术的重要应用。该系统通过自动化设备和智能管理软件，实现了仓储空间和资源的高效利用。智能仓储系统配备了自动分拣、搬运和存储设备，这些设备通过传感器和控制系统的配合，能够自动识别和处理物料。智能管理软件根据库存数据和物流需求，优化物料的存储和取用流程，减少了物料搬运和堆积的时间和空间浪费。

在物流中心，智能仓储系统能够动态调整货架布局和物料存放位置，提高仓储密度和作业效率，显著降低了仓储成本和资源消耗。

资源节约在机电一体化技术中的应用还包括能源管理系统。该系统通过集成各种能源传感器，如电流传感器、温度传感器和压力传感器，实时监测能源的使用情况。智能控制系统根据传感器数据，优化能源的分配和使用，减少不必要的能源消耗。在智能建筑中，能源管理系统能够根据实际需求调节供电和供暖设备的运行状态，避免了空载运行和能源浪费。此外，系统还能够根据实时电价和负荷情况，智能调节用电设备的运行策略，实现经济效益和能源节约的双重目标。

机电一体化技术通过高精度传感器和智能控制系统，在多个领域实现了资源的优化使用和显著的浪费减少。智能灌溉系统在农业中实现了水资源的精确控制和高效利用，智能生产线在制造业中提高了原材料利用效率，智能仓储系统优化了仓储空间和物流流程，能源管理系统在各个领域实现了能源的高效利用。通过这些技术的应用，资源节约得以实现，不仅提高了经济效益，还推动了可持续发展。

（三）减少污染

机电一体化技术在现代工业和日常生活中通过减少污染排放和提高污染物处理效率，为环境保护和可持续发展作出了重要贡献。这种技术通过结合机械、电子和智能控制系统，不仅提高了设备的性能和效率，还显著降低了污染物的排放量。

在交通领域，电动汽车（EV）是机电一体化技术的一个显著应用。电动汽车的驱动系统依赖先进的电动机和电池管理系统，通过优化设计和智能控制，可以实现高效能和零排放。电动机具有高效、可靠、低噪声的特点，取代了传统内燃机，彻底消除了尾气排放，减少了二氧化碳、一氧化碳、氮氧化物和颗粒物等有害物质的排放。此外，电池管理系统（BMS）通过实时监控电池状态，优化充放电过程，延长电池寿命，提高了电池的能源利用效率。这不仅降低了对化石燃料的依赖，减少了温室气体排放量，也推动了清洁能源的广泛应用。

在环保设备方面，机电一体化技术大大提高了空气净化器和废水处理系统的效率，减少了对环境的污染。空气净化器通过内置的多层过滤系统和智能控制系统，可有效去除空气中的颗粒物、细菌、病毒和有害气体。高精度传感器实时监测空气质量，智能控制系统根据空气质量数据自动调节风速和净化模式，以确保净化效果和能耗的最佳平衡。某些高端空气净化器能够分解甲醛、苯等有害化学物质，从而提供健康的室内空气环境。

废水处理系统通过机电一体化技术，实现了高效的污水净化和资源回收。先进的废水处理系统通常集成了机械格栅、沉淀池、生物处理单元和膜过滤装置等多种处理设备。通过高效的传感器和智能控制系统，废水处理过程中的各个环节可以实时监控和优化。传感器可以实时监测废水中的污染物浓度、pH 和流量等参数，智能控制系统根据这些数据自动调整各处理单元的工作状态，确保最佳处理效果。膜过滤装置通过高精度的过滤膜，能够去除废水中的微小颗粒物和溶解性有机物，显著提高出水水质，减少污染物排放量。

机电一体化技术在工业生产过程中也发挥了重要作用。智能工厂通过集成自动化生产线和环境监控系统，实现了生产过程的清洁化和高效化。环境监控系统通过多种传感器实时监测生产过程中的废气、废水和固体废物排放情况，智能控制系统根据监测数据自动调整生产工艺，减少污染物的产生和排放。在化工生产过程中，通过优化反应条件和废气处理装置的运行参数，能够有效减少有害气体的排放量。

机电一体化技术通过优化设计和智能控制，在多个领域实现了污染物的减少和环境保护。电动汽车的驱动系统依赖先进的电动机和电池管理系统，实现了零排放和高效能，显著减少了交通领域的污染排放。空气净化器和废水处理系统通过高效的传感器和智能控制系统，提高了污染物的处理效率，减少了对环境的影响。工业生产中的智能工厂通过环境监控和工艺优化，减少了生产过程中的污染排放。通过这些应用，机电一体化技术不仅提高了环境质量，还推动了社会的可持续发展。

（四）循环经济

机电一体化技术支持循环经济模式的发展，通过智能制造和逆向物流系统，实现废旧产品的高效回收和再制造，从而延长产品的生命周期，减少资源的消耗和废弃物的产生。这种技术不仅提高了资源利用效率，还推动了经济的可持续发展。

智能制造系统通过机电一体化技术，集成了自动化设备、传感器网络和智能控制系统，能够实现高效生产和资源优化利用。在生产过程中，智能制造系统可以通过实时监测设备状态和生产参数，优化工艺流程，减少原材料和能源的浪费。生产过程中的副产品和废料也可以通过智能系统进行分类和处理，再次利用或回收。金属加工行业的废料可以回炉重铸，电子制造业的废线路板可以提取贵金属。

通过机电一体化技术，逆向物流系统能够高效地收集、分类和处理废旧产品。逆向物流包括从消费者手中回收废旧产品，运输到回收中心，再到进行拆解和再制造的全过程。智能物流设备如自动分拣机、智能仓储系统和运输机器人，通过高精度传感器和智能控制，实现废旧产品的高效处理和流通。自动分拣机能够快速识别和分类不同类型的废旧产品，提高回收效率。

废旧电子产品的回收处理系统是一个典型的应用案例。通过机电一体化技术，这些系统能够高效地分解和回收有价值的材料。废旧电子产品通过自动化设备进行初步拆解，去除外壳和电池等易处理部分。精密拆解设备进一步分解内部组件，分离出金属、塑料和玻璃等材料。这些材料通过智能分选系统进行分类，提取出铜、金、银等贵金属，以及其他可再利用的材料。这些再生材料可以重新投入生产过程，减少对新资源的依赖，降低环境污染。

机电一体化技术还在产品的再制造过程中发挥着重要作用。再制造是将废旧产品恢复到可用状态的过程，通常涉及修复、更新和升级。通过先进的传感器和检测设备，机电一体化技术能够准确诊断废旧产品的损坏部位和程度，提供精确的修复方案。在汽车再制造过程中，智能检测系统可以扫描和分析发动机部件的磨损情况，确定需要更换或修复的部分。再制造过程中的自动化设备和智能控制系统，能够高效地执行修复和组装任务，确保再制造产品的质量和性能。

机电一体化技术还支持废弃物管理和资源回收的智能化。废弃物管理系统通过传感器和智能算法，实时监测废弃物的产生和处理情况，优化废弃物的收集和处理流程。智能垃圾桶配备了传感器，能够检测垃圾的满溢情况，并通过物联网技术向管理中心发送信号，安排及时清运。此外，废弃物处理设备通过智能控制系统，能够优化处理参数，提高资源回收率，减少有害物质的排放。

机电一体化技术在循环经济中的应用，通过智能制造和逆向物流系统，实现了废旧产品的高效回收和再制造。智能制造系统优化生产流程和资源利用，逆向物流系统高效处理废旧产品，回收处理系统和再制造技术延长了产品的生命周期，减少了资源消耗和废弃物产生。这些应用不仅提高了资源利用效率，还推动了可持续经济的发展，促进了环境保护和资源循环利用。通过不断创新和优化，机电一体化技术将在循环经济中发挥更加重要的作用，为实现可持续发展目标提供有力支持。

三、环境影响评估与管理

尽管机电一体化技术在推动可持续发展方面具有显著优势，但其实施和应用也需要全面考虑环境影响。为此，环境影响评估与管理显得尤为重要。

（一）生命周期分析

生命周期分析（LCA）是一种系统方法，用于评估产品在其整个生命周期中对环境的影响。对于机电一体化技术，LCA可以提供全面的环境评估，从原材料获取、制造、使用到废弃处理的各个环节，帮助识别和优化高能耗和高污染的环节。

通过LCA，可以详细分析机电一体化产品在不同生命周期阶段的资源消耗和排放。在原材料获取阶段，LCA可以评估矿物开采和材料加工对环境的影响，包括资源枯竭和污染排放。在制造阶段，LCA可以识别高能耗的生产工艺和设备，提出优化方案以降低能源消耗和废物产生。在使用阶段，LCA可以评估产品的能源效率和环境性能，确定使用过程中的改进措施。在废弃处理阶段，LCA可以分析废旧产品的回收和再利用潜力，促进资源循环利用，减轻环境负担。

通过对各个环节的环境影响进行全面分析，LCA能够帮助企业和工程师制定更加环保和可持续的设计与制造策略。优化高能耗和高污染环节，提高产品的整体环境绩效，最终实现资源节约和污染减排目标。LCA不仅为机电一体化技术的可持续发展提供科学依据，还推动了全行业的绿色转型和生态文明建设。

（二）绿色设计

绿色设计在产品设计阶段便用环保理念，选择低环境负荷的材料和工艺，旨在最大限度地降低环境影响。在设计机电一体化设备时，实施绿色设计涉及多方面的措施。选用可回收材料，可以在产品生命周期结束时进行高效回收和再利用，从而减少废弃物的产生和资源的浪费。另外，选择低能耗组件，如高效电机、节能电子元件等，可以降低设备运行过程中的能源消耗，减少温室气体排放。此外，优化生产工艺，可以减少有害物质的使用和排放，提高生产过程的环保水平。

通过这些绿色设计措施，机电一体化设备不仅能实现高性能和高效能，还能在整个生命周期内减少对环境的负面影响，推动其可持续发展。绿色设计理念在现代工业中的广泛应用，不仅有助于提高企业的环保形象和市场竞争力，还为构建生态文明和绿色经济作出了积极贡献。

（三）环境监测与控制

环境监测与控制利用机电一体化技术，通过建立系统化的监测和控制体系，实时跟踪生产过程中的污染排放和能源消耗，确保环境指标达标。具体来说，智能工厂通过部署环境传感器，实时监测空气和水中的污染物浓度、温度、湿度等参数。数据分析系统对收集的数据进行实时处理和分析，识别出潜在的环境问题和能耗高的环节。

基于传感器数据和分析结果，系统能够动态调整生产参数，优化生产工艺。在排放物超标时，系统可以自动调整生产设备的运行状态，启动或增强污染治理设备的工作强度。在能耗过高时，系统可以优化设备的运行时间和方式，降低能源消耗。这种实时监测和动态调整不仅可以确保生产过程的环保和节能，还提高了生产效率和产品质量，减少了环境负荷，推动了绿色制造和可持续发展。

四、未来发展趋势

随着技术的不断进步和社会对可持续发展的需求不断增长，机电一体化技术在可持续技术领域的发展前景广阔，主要体现在智能化与自动化、多学科融合，以及政策与标准的引导方面。

未来的机电一体化系统将更加智能化和自动化，显著提高资源利用效率和环境保护水平。智能电网是这种发展的典型例子，通过机电一体化技术，实现了能源生产、传输和消费的高效协调与优化调度。智能电网集成了先进的传感器、控制系统和数据分析技术，能够实时监测电力供应和需求情况，动态调整电力传输路径和负载分配，减少能源浪费，提高电力系统的稳定性和可靠性。此外，智能电网还可以有效整合可再生能源，如太阳能和风能，通过智能调度和储能系统，实现清洁能源的高效利用，减少对化石燃料的依赖，降低温室气体排放。

机电一体化技术与其他先进技术（如物联网、人工智能、大数据等）的深度融合，进一步推动了可持续技术的创新和应用。例如，智能农业通过机电一体化与物联网技术的结合，实现了精细化管理和资源高效利用。农业传感器网络可以实时监测土壤湿度、温度、光照强度等环境参数，人工智能算法分析这些数据，提供精准的灌溉、施肥和病虫害防治方案。智能农业机械设备则根据这些方案，自动执行相关操作，避免了过度灌溉和施肥，减少了农药和化肥的使用量，降低了环境污染，提高了农业生产的可持续性和效率。大数据技术还可以帮助农民预测天气变化、市场需求和农作物生长趋势，优化农业生产决策，提高农产品质量和市场竞争力。

政策和标准在推动机电一体化技术可持续发展方面也起着至关重要的作用。政府和行业机构制定并推广相关标准和法规，鼓励企业采用绿色技术和可持续发展模式。例如，能源效率标准和环保法规要求企业在生产过程中使用高效节能设备和环保材料，减少污染物排放和资源浪费。政府还可以通过税收减免、财政补贴和绿色贷款等政策措施，支持企业研发和应用可持续技术，促进产业绿色转型和升级。行业标准和认证体系则帮助企业建立和遵循可持续发展实践，增强企业的环保意识和社会责任感，推动整个行业向可持续发展方向迈进。

机电一体化技术在可持续技术领域的发展前景广阔。通过智能化与自动化的推进，提高了资源利用效率和环境保护水平；通过与其他先进技术的融合，推动了可持续技术的创新和应用；在政策和标准的引导下，进一步加强了企业的环保意识和社会责任感。未来，随着技术的不断进步和社会对可持续发展的需求不断增长，机电一体化技术将为实现全球可持续发展目标作出更大的贡献。

通过能效优化、资源节约、减少污染和支持循环经济等方式，显著降低了资源消耗和环境负荷。未来，随着智能化、自动化和多学科融合的深入发展，机电一体化技术将在可持续技术领域发挥更大的作用，助力实现经济、社会和环境的协调发展。

第八章 教育与人才培养

在当今科技迅猛发展的时代，机电一体化技术已成为推动工业和社会进步的重要力量。为了适应这一趋势，教育与人才培养在机电一体化领域显得尤为关键。本章将探讨机电一体化教育课程和行业需求与人才发展两个方面。本章首先将详细介绍机电一体化教育课程的设计与实施，强调理论与实践相结合，培养学生的创新能力和实操技能；接着将分析行业对机电一体化专业人才的需求，探讨如何通过教育体系和职业培训满足这一需求，推动人才的持续发展和行业的繁荣。通过系统的教育和有针对性的人才培养，我们能够为未来的科技创新和产业升级提供强有力的支持。

机电一体化教育课程

一、课程设计与目标

机电一体化教育课程的设计旨在培养具有综合素质的高技能人才，能够胜任多种工业和科技领域的工作。课程内容应涵盖机械工程、电子工程、计算机科学、控制工程等多个学科，强调理论与实践相结合。其教学目标主要包括以下几个方面。

（一）基础知识

在机电一体化教育中，掌握基础知识是培养高技能人才的关键。学生需要全面理解机电一体化技术的基本原理和核心知识，以便在未来的职业生涯中有效应用和创新。

机械设计是机电一体化的基础。学生需要学习机械原理、机械制图、材料力学等内容，掌握机械部件的设计和制造方法，理解机械系统的工作原理。这为他们在实际工作中设计和优化机械结构提供了坚实的理论基础。

电路原理是学生必须掌握的核心知识。了解电路的基本概念、电流电压关系、元器件特性以及电路设计和分析方法，可以使学生能够设计和调试各种电子电路，确保系统的正常运行。控制系统是机电一体化技术的核心。学生需要学习自动控制原理、控制器设计和调试、反馈系统和稳定性分析等内容，掌握如何通过控制理论和技术实现机械和电子系统的自动化。通过学习传感器的原理、类型和应用，学生能够理解如何利用传感器获取环境和系统的信息，为系统控制和数据分析提供可靠的基础。嵌入式系统是现代机电一体化技术的重要组成部分。学生需要学习微处理器原理、嵌入式编程、硬件接口和系统集成等内容，掌握如何开发和调试嵌入式系统，以实现复杂系统的智能控制和管理。

掌握机械设计、电路原理、控制系统、传感器技术和嵌入式系统等基础知识，是机电一体化教育的核心任务。这些知识不仅为学生提供了全面的技术背景，还培养了他们的系统思维和综合应用能力，为未来的职业发展打下坚实的基础。

（二）实践能力

在机电一体化教育中，培养学生的实践能力是至关重要的环节。实践能力不仅使学生能够将理论知识应用于实际工程中，还提高了他们的动手能力和解决实际问题的能力。这一目标通过实验、实训和项目实践等多种方式得以实现。

通过系统的实验课程，学生可以验证课堂上学到的理论知识，了解实际工程中各种元件和系统的工作原理。电路实验可以帮助学生了解电流、电压及其关系，机械实验可以展示不同机械设计的实际效果。实验课程还培养了学生的观察能力和分析能力，使他们能够在实验过程中发现问题并提出解决方案。通过在专业实验室和实训基地的训练，学生可以操作实际的机械设备、编程控制器和调试系统。这些实训课程不仅提高了学生的技术水平，还增强了他们对设备操作和维护的信心。实训中的问题解决过程，也让学生在真实环境中锻炼了自己的应变能力和创新思维。

通过参与实际的工程项目，学生可以将各学科知识融合应用于具体问题中。设计并制作一个自动化生产线模型，需要学生综合运用机械设计、电路设计、控制系统和嵌入式系统的知识。项目实践还培养了学生的团队合作能力和项目管理能力，提高了他们在实际工作中的协调和沟通技巧。

通过实验、实训和项目实践，学生能够有效地将理论知识应用于实际工程中，培养动手能力和解决实际问题的能力。这种综合性的实践教学方法，为学生未来的职业发展提供了坚实的基础，确保他们具备应对复杂工程挑战的能力和信心。

（三）创新思维

通过鼓励学生参与创新项目和竞赛，可以有效提高他们的创造力和创新能力，从而增强他们在复杂工程环境中的应变能力。

在创新项目中，学生需要综合运用所学知识，提出新颖的解决方案，并进行实际验证。这不仅考验了他们的技术能力，还激发了他们的创造潜力。设计一个智能家居系统，要求学生结合机械设计、电子电路和控制系统等多方面的知识，开发出智能化、自动化的家居设备。通过这种实践，学生能够探索和实现自己的创新构想，增强创新自信。

各类竞赛是培养学生创新能力的有效途径。竞赛通常设定具有挑战性的问题或任务，要求学生在限定时间内提出并实现解决方案。机器人竞赛要求学生设计并制作机器人完成特定任务，这需要创新性的设计和精确的工程实现。参与竞赛不仅提高了学生的技术水平，还培养了他们的团队合作精神和竞争意识。面对竞赛中的困难和挑战，学生需要不断调整和优化自己的方案，这种经历大大提高了他们在复杂工程环境中的应变能力。

创新思维的培养还需要教育环境的支持。学校应提供丰富的资源和支持，鼓励学生自由探索和尝试。实验室和创新空间应配备先进的设备和工具，供学生进行试验和开发。同时，教师应引导学生进行创新思考，提供必要的技术指导和建议，帮助学生克服创新过程中的困难。

通过参与创新项目和竞赛，学生能够不断激发创造力和创新能力，培养解决复杂问题的能力和应变能力。这不仅能够为他们在机电一体化领域的职业发展打下坚实的基础，也为社会培养了具备创新精神和实践能力的高素质人才。创新思维的培养，使学生能够在快速变化的科技环境中，勇于探索，不断突破，成为推动技术进步的重要力量。

（四）职业素养

职业素养不仅包括扎实的专业知识和技术能力，还涵盖职业道德、团队合作精神和沟通能力等方面，使学生成为具备全面素质的技术人才。

教育过程中应注重培养学生的责任感、诚信和敬业精神。学生应理解并遵守行业规范和法律法规，确保在职业实践中维护公共利益和职业声誉。在实际工作中，学生应以诚实和公平的态度对待每一项任务，保证工作质量和安全性。同时，学生应具备环保意识，注重节能减排和资源利用效率，为可持续发展贡献力量。

机电一体化项目通常涉及多个学科和多个环节，需要团队成员之间的紧密合作。教育应通过团队项目、实训和竞赛等活动，培养学生的合作意识和协作能力。学生需要学习如何与他人有效沟通、分工合作、解决冲突和共同完成任务。通过这些实践，学生能够理解团队合作的重要性，掌握团队协作的技巧，提高整体项目的效率和质量。

学生在未来的职业生涯中，需要与同事、客户、供应商等各方面进行有效沟通。教育过程中应注重培养学生的书面和口头表达能力，教会他们如何清晰、准确地传达信息和技术方案。通过报告撰写、项目展示和演讲训练，学生可以提高表达能力和自信心，能够在不同场合有效地沟通和交流。

通过注重职业道德、团队合作精神和沟通能力的培养，学生不仅能成为技术过硬的专业人才，还能具备良好的职业素养，适应复杂多变的工作环境。这些全面素质的提高，使学生在职业生涯中能够更好地面对挑战，推动技术进步和行业发展，成为社会所需要的高素质技术人才。

二、课程结构

机电一体化教育课程通常包括以下几个模块。

（一）基础课程

基础课程不仅能够为学生提供必要的理论知识，还能为专业课程的深入学习打下坚实的基础。涵盖数学、物理和计算机基础等方面的基础课程，是培养学生综合能力和创新思维的关键。

1. 数学

数学是机电一体化专业的核心基础课程。高等数学、线性代数和概率统计等课程为学生理解和解决复杂的工程问题提供了工具和方法。

（1）高等数学

涵盖微积分、微分方程等内容，使学生能够分析和描述工程系统的动态行为，理解连续变化的过程。在控制系统设计中，微积分用于描述系统的响应和动态特性，微分方程用于建立系统模型和求解系统的动态响应。

（2）线性代数

包括矩阵、向量空间和线性变换等内容，为学生提供了解决多变量系统问题的方法。在机器人学习和控制理论中，线性代数是建立运动方程、分析系统稳定性和设计控制器的基础。

（3）概率统计

帮助学生理解和处理工程中的随机现象和不确定性。在信号处理和传感器数据分析中，概率统计用于描述噪声特性和评估系统性能。

2. 物理

物理课程，包括力学、电磁学和热学，为学生提供了理解机电系统工作原理的基础。

（1）力学

分为静力学、动力学和流体力学等部分，使学生能够分析机械系统的受力情况、运动行为和流体流动特性。在机械设计中，静力学用于计算结构的承载能力，动力学用于分析运动部件的轨迹和速度，流体力学用于设计液压和气动系统。

（2）电磁学

包括电场、电流、磁场和电磁波等内容，为学生理解电路原理、电机工作和电磁兼容性提供基础。在电机设计中，电磁学用于分析电机的磁场分布和电磁力，在通信系统中用于理解电磁波的传播特性。

（3）热学

帮助学生理解热传导、对流和辐射等热现象，以及热能在机械和电气系统中的应用。在电子设备设计中，热学用于分析和管理设备的散热问题，确保系统的稳定运行。

3. 计算机基础

计算机基础课程，包括编程、数据结构和算法、计算机硬件基础，为学生提供了解决工程问题的计算工具和方法。

（1）编程

教授学生掌握至少一种编程语言（如 C、C++、Python 等），并能够编写和调试程序。编程能力是学生开发嵌入式系统、控制算法和数据处理应用的基本技能。在嵌入式系统设计中，编程主要用于开发实时控制程序和驱动程序。

（2）数据结构和算法

帮助学生理解如何有效地组织和处理数据，设计高效的算法解决工程问题。在机器人导航中，数据结构用于存储地图信息，算法用于规划最优路径和避障策略。

（3）计算机硬件基础

包括计算机组成原理、微机接口和嵌入式系统，为学生理解计算机系统的工作原理和硬件设计提供基础。在嵌入式系统设计中，计算机硬件基础用于设计和实现系统的硬件架构和接口。

基础课程在机电一体化教育中起到了奠基作用。通过系统学习数学、物理和计算机基础，学生掌握了解决复杂工程问题的基本理论和方法。这些课程不仅为专业课程的学习提供了必备的知识储备，还培养了学生的逻辑思维能力、分析能力和解决问题的能力。在未来的职业生涯中，扎实的基础知识将使学生能够应对各种技术挑战，推动技术创新和工程实践。基础课程的全面覆盖和深入理解，是培养高素质机电一体化专业人才的关键。

（二）专业课程

专业课程是机电一体化教育的核心组成部分，其涵盖机械、电子、控制系统、传感器技术和计算机科学等多个领域。这些课程为学生提供了深入的专业知识和实践技能，使他们能够胜任多种复杂的工程任务。以下是对各主要专业课程的深入论述。

1. 机械原理与设计

机械原理与设计是机电一体化专业的基础课程之一。它涵盖了机械系统的设计、分析和优化。

（1）机械原理

包括力学、动力学和机械传动等内容，使学生能够理解机械系统的工作原理和运动规律。学生学习分析机械结构的受力情况、运动特性和稳定性，掌握机械部件的设计和优化方法。

（2）机械设计

涉及机械部件的设计、材料选择和制造工艺。学生学习如何设计高效、可靠和经济的机械系统，应用现代设计工具（如 CAD）进行机械绘图和仿真，确保机械系统的性能和安全性。

2. 电工与电子技术

电工与电子技术是机电一体化系统中电气部分的核心课程。

（1）电工技术

包括电路理论、电机原理和电气控制技术。学生学习分析和设计电路，了解电机的工作原理和控制方法，掌握电气系统的安装和调试技术。

（2）电子技术

涉及电子元器件、模拟电路和数字电路的设计与应用。学生学习设计和调试各种电子电路，掌握信号处理、功率放大和数字逻辑控制等技术，为开发复杂的电子系统奠定基础。

3. 自动控制原理

自动控制原理是实现机电一体化系统自动化功能的关键课程。

（1）控制理论

包括经典控制理论和现代控制理论。学生学习反馈控制、PID 控制、状态空间分析和最优控制等基本概念和方法，理解控制系统的稳定性、响应特性和鲁棒性。

（2）控制系统设计

涉及控制器的设计、调试和优化。学生学习设计各种类型的控制器（如 PID 控制器、模糊控制器和自适应控制器），掌握控制系统的建模、仿真和实验验证方法，确保系统的自动化和智能化。

4. 传感器与检测技术

传感器与检测技术是机电一体化系统获取环境和系统状态信息的基础。

（1）传感器原理

包括各种传感器（如温度传感器、压力传感器、位置传感器和光电传感器）的工作原理和特性。学生学习选择和应用适合的传感器，了解传感器的精度、灵敏度和响应速度。

（2）检测技术

涉及信号采集、处理和分析。学生学习设计和实现信号调理电路、数据采集系统和检测算法，掌握误差分析和数据处理技术，为实现高精度和高可靠性的检测提供支持。

5. 微机原理与接口技术

微机原理与接口技术是机电一体化系统中嵌入式控制和数据处理的核心

课程。

（1）微机原理

包括微处理器结构、指令系统和编程技术。学生学习微处理器的工作原理和编程方法，了解计算机系统的基本构成和操作。

（2）接口技术

涉及微机与外部设备的连接和通信。学生学习设计和实现各种接口电路（如串行接口、并行接口和总线接口），掌握数据传输和通信协议，为开发复杂的嵌入式系统提供技术支持。

6. 综合应用

专业课程不仅提供了深入的理论知识，还强调实践应用和综合能力的培养。

（1）实验与实训

通过实验和实训课程，学生能够在实际操作中运用所学知识，提高动手能力和解决实际问题的能力。机械设计实验、电路调试实验和控制系统仿真实验，使学生能够验证理论、掌握技能和积累经验。

（2）项目实践

通过综合性项目实践，学生可以将各学科知识融合应用于具体问题中，培养综合应用能力和创新思维。设计并实现一个自动化生产线模型，要求学生综合运用机械设计、电路设计、控制系统和嵌入式系统的知识，解决实际工程问题。

专业课程在机电一体化教育中起到了关键作用，其涵盖机械原理与设计、电工与电子技术、自动控制原理、传感器与检测技术和微机原理与接口技术等多个领域。通过系统学习这些课程，学生能够掌握机电一体化系统的基本理论和核心技术，为未来的职业发展奠定坚实的基础。实验、实训和项目实践进一步增强了学生的实践能力和综合应用能力，使他们能够应对复杂工程挑战，推动技术创新和行业发展。专业课程的深入学习，使学生不仅成为技术专家，还具备了全面的工程素养和创新能力，最终成为社会需要的高素质的机电一体化人才。

（三）选修课程

选修课程是机电一体化教育中的重要组成部分，提供多样化的学习内容，帮助学生拓宽知识面，满足不同兴趣和职业发展方向的需求。通过选修课程，学生可以深入了解先进制造技术、智能控制系统、物联网技术等前沿领域，提高综合素质和创新能力。先进制造技术课程使学生了解 3D 打印、柔性制造和数控技术等现代制造工艺，提高生产效率和产品质量；智能控制系统课程介绍模糊控制、神经网络控制和自适应控制等智能算法，应用于机器人、无人机和自动驾驶等领域；物联网技术课程涵盖传感器网络、数据通信和云计算，使学生掌握智能家居、智慧城市和工业物联网系统的设计和实现方法。选修课程不仅拓宽了学生的知识面，还能够提供个性化发展的路径，使学生根据兴趣和职业规划自由选择，提高专业技能和竞争力，培养综合型和创新型人才，满足多样化的社会需求。

三、教学方法与资源

机电一体化教育课程应采用多样化的教学方法和丰富的教学资源，以增加教学效果和学生的学习体验。通过案例教学、项目导向学习、在线学习平台和企业合作，学生不仅能够掌握理论知识，还能提高实践能力和职业素养，全面适应现代工业和科技发展的需求。

（一）案例教学

通过分析和讨论实际工程案例，学生可以将理论知识应用到实际问题中，深入了解知识的实际应用。这种教学方法使学生能够直观地看到理论与实践的结合，增强他们解决实际问题的能力。在学习机械设计课程时，通过分析具体的机械系统设计案例，学生可以了解各种设计选择的优缺点，掌握解决设计问题的实际方法。在电气控制课程中，通过讨论实际的电气故障案例，学生可以学习如何诊断和解决复杂的控制系统问题，提高他们的实际操作技能和应变能力。

（二）项目导向学习

项目导向学习是一种以项目为核心的教学模式，学生在完成项目的过程中，综合运用所学知识，培养综合能力和创新思维。在项目导向学习中，学生需要设计、实施和评估一个完整的项目，经历从理论到实践的全过程。这种教学方法能够鼓励学生主动学习和探索，增强他们的动手能力和创新能力。在自动化生产线的设计项目中，学生需要综合运用机械设计、电路设计、控制系统和嵌入式系统的知识，解决项目中遇到的各种问题。通过这种实践，学生不仅掌握了系统设计和集成的技能，还培养了团队合作和项目管理能力。

（三）在线学习平台

在线学习平台利用现代教育技术，为学生提供丰富的数字化学习资源，增强他们的自主学习能力。通过在线学习平台，学生可以访问视频课程、虚拟实验室和在线讨论等资源，随时随地进行学习和交流。视频课程使学生能够反复观看教学内容，加深理解和记忆；虚拟实验室提供了模拟实际操作的环境，使学生能够进行实验和练习，弥补实际实验资源的不足；在线讨论平台则为学生提供了一个交流和讨论的平台，促进学生之间的互动和合作。学生可以在平台上讨论课程内容、分享学习经验、解决疑难问题，从而提高学习效率和积极性。

（四）企业合作

通过与企业建立紧密合作关系，学校可以邀请企业专家讲授课程，安排学生到企业实习实训，使学生了解行业需求和最新技术。这种合作不仅使学生获得宝贵的实践经验，还增强了他们的职业适应能力。企业专家可以在课堂上分享实际工作中的案例和经验，帮助学生了解行业发展趋势和技术应用。通过企业实习，学生可以在真实的工作环境中应用所学知识，掌握实际操作技能，了解企业的运作模式和文化。这种实践经历对学生未来的职业发展具有重要意义，使他们能够更好地适应职场需求，快速成长为合格的技术人才。

多样化的教学方法和丰富的教学资源在机电一体化教育中发挥着重要作用。案例教学使学生理解理论知识的实际应用，提高解决实际问题的能力；项目导向学习培养学生的综合能力和创新思维；在线学习平台增强了学生的自主学习能力；企业合作为学生提供了宝贵的实践经验，增强了职业适应能力。这些方法与资源的结合，为学生提供了全面的教育和培训，确保他们能够胜任未来的技术挑战，推动行业发展和技术创新。通过不断创新和优化教学方法，机电一体化教育将继续提高人才培养质量，为社会输送更多高素质的技术人才。

四、师资队伍建设

高水平的师资队伍是机电一体化教育课程成功的关键。为了确保教学质量和教育效果，学校应注重教师队伍的建设和发展，通过教师培训、产学研结合和多元评价等措施，不断提高教师的专业素养和教学能力。

（一）教师培训

教师培训是提高教师专业知识水平和教学能力的重要途径。定期组织教师参加国内外学术交流和培训，能够帮助他们了解最新的技术发展和教育方法，拓宽他们的知识视野。通过参加国际学术会议，教师可以接触到全球范围内的先进技术和教育理念，与国际同行进行交流和合作，提高自身的学术水平。培训课程能够涵盖先进制造技术、智能控制系统、物联网等前沿领域，使教师掌握最新的科技动态和教学资源。此外，教学方法培训也至关重要，通过学习新的教学理论和实践，教师可以改进课堂教学，增强教学效果。

（二）产学研结合

鼓励教师参与企业的实际项目和科研活动，能够使他们深入了解行业前沿技术和实际需求，将最新的科研成果和工程实践经验融入教学。教师可以通过参与企业的研发项目，了解新技术的应用和发展趋势，积累丰富的工程实践经验。这些经验可以在课堂上与学生分享，增强教学内容的实际应用性和前瞻性。通过产、学、研结合，教师不仅提高了自身的科研能力和实践技能，还为学生提供了更加生动和实用的教学内容，增强学生的学习兴趣，提高学生的职业素养。

（三）多元评价

建立多元化的教师评价体系，注重教学效果和学生反馈，能够激励教师持续改进和创新。学校可以通过教学评估、学生问卷调查、课堂观察等方式，全面评估教师的教学表现。教学评估可以包括学生的学习成果、教学内容的科学性和前沿性、教学方法的有效性等多个方面。学生问卷调查则可以直接反映学生对教师教学的满意度和建议，帮助教师了解学生的需求和期望。课堂观察由教学专家或同行教师进行，可以提供专业的评价和建议，促进教师之间的交流和学习。通过多元评价体系，教师可以获得全面的反馈和指导，及时发现和改进教学中的不足，不断提高教学质量和效率。

高水平的师资队伍是机电一体化教育课程成功的关键。通过定期组织教师参加国内外学术交流和培训，提高他们的专业知识和教学能力；鼓励教师参与企业的实际项目和科研活动，了解行业前沿技术和需求，将最新的科研成果和工程实践经验融入教学；建立多元化的教师评价体系，注重教学效果和学生反馈，激励教师不断改进教学方法和提高教学质量。通过这些措施，学校可以不断提高师资队伍的整体水平，确保机电一体化教育课程的高质量和高效性，从而为社会培养出具备扎实理论知识和丰富实践能力的高素质技术人才。

五、评估与反馈机制

建立科学的评估与反馈机制，是不断改进和完善机电一体化教育课程的关键。通过有效的学生评估、课程评估和持续改进措施，可以确保教育质量的提高和优化课程内容，满足社会和行业的发展需求。

（一）学生评估

学生评估是评估与反馈机制中的重要组成部分。通过多种方式综合评估学生的学习效果，可以全面了解他们的知识掌握情况和实践能力。考试是传统而有效的评估方式，能够检测学生对理论知识的理解和应用能力。项目评审通过对学生完成的实际项目进行评估，考查他们的综合应用能力和创新思维。学生设计和制作的机电一体化系统模型可以展示他们在机械设计、电路设计和控制系统等方面的技能。实验报告则通过详细记录实验过程和结果，评估学生的动手能力和实验分析能力。多样化的评估方式不仅能够全面反映学生的学习成果，还能帮助他们发现自己的不足，明确改进方向。

（二）课程评估

课程评估是确保课程内容和教学效果的重要手段。定期对课程内容和教学效果进行评估，能够及时调整和优化课程设置。学生、教师和企业的反馈是课程评估的主要来源。学生反馈可以通过问卷调查、座谈会等形式收集，了解他们对课程内容、教学方法和学习资源的意见和建议。教师反馈通过教学研讨会和教学评估，反映他们对课程设置和教学资源的看法，以及在教学过程中遇到的问题和挑战。企业反馈则通过与行业合作伙伴的交流和合作，了解企业对人才需求和技术发展的意见，确保课程内容符合行业标准和需求。通过综合这些反馈，可以全面评估课程的优缺点，为课程的改进提供依据。

（三）持续改进

持续改进是评估与反馈机制的核心目标。根据评估结果和反馈意见，不断改进教学方法和课程内容，确保课程的前沿性、实用性和有效性。如果学生反映某些课程内容过于理论化，缺乏实际应用，可以增加实验和项目实践的比例，增强课程的实用性。如果教师反馈某些教学资源不足，可以引入更多的数字化学习资源和先进设备，增加教学效果。如果企业反馈某些技能需求未在课程中体现，可以及时调整课程设置，增加相关内容，确保学生具备行业所需的最新技能。

建立科学的评估与反馈机制，是不断改进和完善机电一体化教育课程的关键。通过多种方式综合评估学生的学习效果，可以全面了解他们的知识掌握情况和实践能力。定期对课程内容和教学效果进行评估，听取学生、教师和企业的反馈，及时调整和优化课程设置。根据评估结果和反馈意见，不断改进教学方法和课程内容，确保课程的前沿性、实用性和有效性。这些措施不仅提高了教学质量，还使教育内容更加符合行业需求，为社会培养出具备扎实理论知识和丰富实践能力的高素质技术人才。通过不断优化评估与反馈机制，机电一体化教育课程将持续进步，保持其领先地位和竞争力。

机电一体化教育课程通过科学的课程设计、多样化的教学方法、高水平的师资队伍和完善的评估机制，培养具备扎实理论知识和丰富实践能力的高技能人才。这些人才不仅能够适应快速发展的科技和工业环境，还能在创新和应用方面作出重要贡献，为社会的可持续发展提供坚实的人才保障。通过不断的改进和创新，机电一体化教育将继续提高人才培养质量，推动行业和技术的进步。

行业需求与人才发展

面对国家经济转型的要求，应用型人才培养的要求也进一步提升。作为制造业面临紧缺人才，机电一体化应用人才的需求在不断增加，相关行业企业也提出了更高的要求。如何缩小用人单位和学校学生培养之间的鸿沟，培养出符合国家战略要求和行业需求的应用型人才，是各大院校不断探索和研究的课题。

机电一体化技术是现代工业和科技发展的重要支柱，被广泛应用于制造业、汽车工业、航空航天、医疗设备等领域。随着智能制造和工业 4.0 的推进，机电一体化行业对高素质人才的需求日益增加。

一、行业需求

（一）技术更新与应用

随着科技的不断进步，机电一体化技术也在快速发展，新材料、新工艺、新设备的不断涌现，使行业对技术的需求变得更加多样化和复杂化。企业需要能够快速适应技术更新、具备创新能力的技术人才，以应对日新月异的技术环境和市场需求。

1. 新材料的应用

新材料的开发和应用对机电一体化技术的发展起到了重要的推动作用。轻质高强度材料在航空航天和汽车工业中的应用，可以显著减轻结构重量，提高能源利用效率。同时，智能材料（如形状记忆合金和压电材料）的应用，使得机电系统具备了自感知和自适应功能，提高了系统的智能化水平。这些新材料的应用需要工程师具备深厚的材料科学知识和应用能力，能够根据具体需求选择合适的材料，并设计出优化的结构。

2. 新工艺的创新

新工艺的创新为机电一体化系统的制造和组装提供了更多可能性。3D 打印技术作为一种增材制造工艺，已经在制造业中被广泛应用。3D 打印技术不仅可以制造复杂结构和个性化产品，还能够节省材料和降低生产成本。为了掌握这项技术，技术人才需要熟悉先进的设计软件（如 CAD 和 CAM），并具备操作和维护 3D 打印设备的技能。此外，激光加工、纳米制造和柔性电子等新工艺的不断涌现，也要求技术人员不断学习和更新知识，掌握最新的制造技术。

3. 新设备的开发与应用

新设备的开发与应用推动了机电一体化技术的进步。智能机器人在制造业中的应用，可以提高生产效率和产品质量，降低生产成本和劳动强度。为了充分利用智能机器人，技术人才需要掌握机器人编程、传感器技术和控制系统设计等多方面的知识。此外，智能工厂中的自动化生产线、无人驾驶汽车和智能家居系统的普及，也对技术人才提出了更高的要求，要求他们具备系统集成、数据分析和人工智能等综合能力。

4. 技术更新带来的挑战与机遇

技术更新带来的挑战是显而易见的。企业需要不断投资于新技术的研发和应用，培训员工适应新的技术环境。对于技术人才来说，技术更新意味着需要持续学习和更新知识，以保持竞争力。这不仅需要个人的努力，也需要企业和教育机构提供相应的支持和资源。

技术更新也带来了新的机遇。掌握最新技术的企业能够在激烈的市场竞争中脱颖而出，占据技术和市场的制高点。具备创新能力的技术人才能够推动企业技术进步，提高产品和服务的竞争力。掌握3D打印技术的企业可以快速响应客户需求，提供个性化和定制化产品，增强市场竞争力。具备智能控制和数据分析能力的技术人才可以优化生产流程，提高生产效率和产品质量，为企业创造更多价值。

5. 培养快速适应技术更新的技术人才

为了培养快速适应技术更新、具备创新能力的技术人才，教育机构和企业需要共同努力。教育机构应提供前沿的课程设置和实践机会，使学生掌握最新的技术知识和应用技能。开设3D打印、智能制造和机器人技术等课程，提供实验室和实训基地，鼓励学生参与科研项目和创新实践。

企业应加强员工培训和继续教育，提供学习和成长的机会。通过内部培训、外部培训和在线学习平台，帮助员工了解最新技术动态，提高专业技能。此外，企业还应建立良好的创新激励机制，鼓励员工提出创新想法和解决方案，支持他们参与技术研发和应用实践。

随着科技的不断进步，机电一体化技术的更新和应用日益多样化和复杂化。新材料、新工艺和新设备的不断涌现，推动了行业的发展，也对技术人才提出了更高的要求。企业需要能够快速适应技术更新、具备创新能力的技术人才，以应对不断变化的技术环境和市场需求。通过科学的教育和培训，以及良好的创新激励机制，可以培养出具备前沿技术知识和创新能力的高素质技术人才，推动机电一体化行业的持续发展和进步。

（二）智能制造与自动化

智能制造与自动化是现代工业发展的主要趋势，通过机电一体化技术的应用，实现生产过程的自动化和智能化，提高生产效率和产品质量，降低生产成本。这一趋势对机电一体化人才提出了更高的要求，要求他们具备多方面的知识和技能，包括机械设计、电气控制和编程等。

1. 机械设计能力

智能制造系统中的机械设备，如工业机器人和自动化生产线，需要高水平的机械设计能力。机电一体化人才需要掌握机械设计原理、机械制图和材料力学等知识，能够设计和优化机械结构。设计高精度的机器人关节和传动系统，确保其稳定性和耐用性。此外，他们还需要熟悉CAD/CAM软件，进行机械零部件的设计和加工工艺的制定。

2. 电气控制能力

自动化系统的实现依赖先进的电气控制技术。机电一体化人才需要掌握电路设计、控制理论和电机驱动等知识，能够设计和调试电气控制系统。设计 PLC 控制系统，实现对生产设备的自动化控制；设计和调试伺服电机驱动系统，确保设备的精确运动控制。此外，他们还需要了解传感器技术，能够集成和应用各种传感器，实现对生产过程的实时监控和反馈控制。

3. 编程与软件开发能力

自动化系统的控制和优化需要大量的软件编程工作。机电一体化人才需要掌握编程语言（如 C、C++、Python 等），能够编写和调试控制程序和应用软件。编写工业机器人控制程序，实现复杂的运动轨迹和任务规划；开发 SCADA 系统，实现对整个生产过程的监控和管理。此外，他们还需要了解数据库和网络技术，能够实现数据的存储、分析和远程监控。

4. 系统集成能力

智能制造系统是多个子系统的集成，要求技术人员具备系统集成能力。机电一体化人才需要了解机械、电气和软件系统的接口和通信协议，能够将各子系统有机结合，实现整体优化。将机器人系统、传感器系统和控制系统集成到自动化生产线上，实现协调工作和信息共享。此外，他们还需要具备项目管理能力，能够协调各专业团队，确保项目的顺利实施和按时交付。

5. 创新和解决问题能力

智能制造和自动化领域不断发展，技术人员需要具备创新和解决问题的能力。机电一体化人才需要跟踪最新技术动态，学习和应用新技术，提出新的解决方案。应用人工智能和大数据技术，优化生产流程和提高设备智能化水平。他们还需要具备分析和解决实际问题的能力，能够在复杂的工程环境中，快速应对和解决各种技术难题。

智能制造与自动化的发展，对机电一体化人才提出了更高的要求，要求他们具备机械设计、电气控制和编程等多方面的知识和技能。通过提高生产效率和产品质量、降低生产成本和应对多样化的生产需求，智能制造技术推动了现代工业的进步和变革。培养具备综合能力和创新思维的机电一体化人才，是满足行业需求和推动技术发展的关键。教育机构和企业需要共同努力，通过科学的教育培训和实际的项目实践，培养出高素质的技术人才，推动智能制造和自动化技术的持续发展和应用。

（三）绿色制造与可持续发展

环保和可持续发展已成为全球关注的焦点，机电一体化技术在实现绿色制造与可持续发展中发挥着重要作用。节能设备、污染物处理系统和可再生能源利用等方面的技术应用，需要大量具备高效节能和环保意识的专业技术人才。

1. 节能设备设计与优化能力

绿色制造需要高效的节能设备，机电一体化人才需要掌握电机学、控制理论和能源管理等知识，能够设计和优化各种节能设备。设计高效电机和变频器系统，优化生产设备的运行参数，减少能源浪费。他们还需要具备能源审计和评估能力，能够识别能耗高的环节，并提出改进方案。

2. 污染物处理技术能力

污染物处理系统的设计和优化需要多学科知识的融合。机电一体化人才需要了解环境工程、化学工程和控制工程等知识，能够设计和实现高效的污染物处理系统。设计废水处理系统中的自动控制系统，实时监控水质参数，优化处理过程，提高处理效率。他们还需要掌握传感器技术，能够集成和应用各种传感器，实现对污染物的实时监测和控制。

3. 可再生能源系统开发与维护能力

可再生能源系统的开发与维护需要专业的技术知识和实际操作技能。机电一体化人才需要掌握太阳能、风能和生物质能等可再生能源的基本原理和应用技术。设计和安装光伏发电系统，优化光伏板的布局和逆变器的配置，提高发电效率。他们还需要具备能源管理和储能技术的知识，能够设计和实现能源管理系统，优化能源的生产和使用，提高系统的整体效率。

4. 系统集成与创新能力

绿色制造系统是多个子系统的集成，要求技术人员具备系统集成与创新能力。机电一体化人才需要理解机械、电气、控制和环境系统的接口和通信协议，能够将各子系统有机结合，实现整体优化。将节能设备、污染物处理系统和可再生能源系统集成到生产过程中，实现协同工作和资源共享。他们还需要具备创新思维，能够提出和实现新的绿色制造技术和方案，推动技术进步和应用。

5. 环保意识与可持续发展理念

绿色制造和可持续发展不仅需要技术支持，还需要技术人员具备环保意识与可持续发展理念。机电一体化人才需要了解环境保护和可持续发展的重要性，掌握相关法规和标准，能够在技术开发和应用过程中，始终考虑环境影响和资源利用效率。在设计节能设备和污染物处理系统时，始终以减少能耗和排放为目标，推动企业和社会实现绿色发展。

绿色制造与可持续发展对机电一体化人才提出了多方面的需求，要求他们具备节能设备设计与优化能力、污染物处理技术能力、可再生能源系统开发与维护能力、系统集成与创新能力以及环保意识与可持续发展理念。通过科学的教育培训和实际项目实践，可以培养出具备综合能力和环保意识的高素质技术人才，推动绿色制造和可持续发展的实现。教育机构和企业需要共同努力，为社会培养和输送更多符合行业需求的机电一体化人才，为实现环保和可持续发展目标提供坚实的人才保障。

二、人才发展

（一）教育体系建设

为了满足机电一体化行业日益增长的人才需求，教育体系需要不断完善和创新。高等院校和职业教育机构应注重课程设置的科学性和前瞻性，结合实际需求，开设涵盖机械设计、电气控制、自动化、智能系统等方面的专业课程。同时，教育体系应强调实践教学和项目导向学习，培养学生的动手能力和创新思维能力。

课程设置的科学性和前瞻性是培养高素质机电一体化人才的基础。高等院校和职业教育机构应根据行业需求，制定系统化和模块化的课程体系。课程内容应涵盖机械设计、电气控制、自动化、智能系统等关键领域，确保学生掌握必要的理论知识和技术技能。机械设计课程应包括机械制图、材料力学、机械原理和机械设计等内容；电气控制课程应涵盖电路设计、电子元器件、信号处理和电机控制等知识；自动化课程应讲授控制理论、自动控制系统设计与应用；智能系统课程则应涉及传感器技术、嵌入式系统和人工智能等前沿技术。通过科学的课程设置，学生能够系统地学习和掌握机电一体化技术的核心知识，为未来的职业发展打下坚实的基础。

教育体系应结合实际需求，注重培养学生的实践能力和解决实际问题的能力。实践教学是机电一体化教育的重要组成部分，通过实验、实训和项目实践等方式，学生能够在实际操作中应用所学知识，提高动手能力和解决问题的能力。通过机械设计实验，学生可以了解和掌握机械零部件的设计和制造工艺；通过电气控制实验，学生可以学习电路设计和调试，掌握控制系统的设计和实现；通过自动化生产线的项目实践，学生可以综合应用机械、电气和控制等多方面的知识，解决实际生产中的问题。教育机构应提供先进的实验设备和实训基地，支持学生进行各种实践活动，确保他们能够在实际环境中锻炼和提高自己的能力。

项目导向学习是培养学生创新思维和综合能力的有效途径。在项目导向学习模式下，学生需要完成具体的项目任务，综合运用所学知识，提出解决方案并进行实际操作。设计并制作一个自动化机械装置，学生需要进行机械设计、电路设计、程序编写和系统集成等多方面的工作。通过项目实践，学生不仅能够验证和巩固所学知识，还能培养团队合作、项目管理和创新思维等综合能力。教育机构应鼓励和支持学生参与各种项目实践活动，如科研项目、竞赛项目和创新创业项目等，提供必要的指导和资源，帮助学生提高综合素质和创新能力。

为了确保教育体系的有效性和适应性，教育机构还应与行业和企业保持紧密合作。通过合作，教育机构可以及时了解行业发展的最新动态和人才需求，调整和优化课程设置和教学内容。邀请企业专家讲授课程，分享行业前沿技术和实际工作经验；安排学生到企业实习实训，了解实际生产过程和工作环境；与企业共同开发和实施科研项目，提高学生的实践能力和创新能力。通过产学、研结合，教育机构能够更好地满足行业需求，培养出适应市场需求的高素质技术人才。

为了满足机电一体化行业的人才需求，教育体系需要不断完善和创新。通过科学的课程设置、实践教学和项目导向学习，教育机构可以培养学生的理论知识、实践能力和创新思维，为他们的职业发展打下坚实的基础。与行业和企业的紧密合作，确保教育内容和方法与实际需求保持一致，提高人才培养的质量和效率。通过这些措施，教育体系能够为机电一体化行业的发展提供强有力的人才支持，推动技术进步和产业升级。

（二）产学研结合

通过加强与企业和科研机构的合作，教育机构可以更好地了解行业需求，调整和优化人才培养方案。产学研结合是一种有效的教育模式，通过建立联合实验室和实训基地，邀请企业专家讲授课程，安排学生到企业实习实训，直接参与实际项目，使学生在学习过程中积累丰富的实践经验，提高职业素养。

产学研结合可以帮助教育机构及时了解行业的最新需求和技术发展趋势。

企业和科研机构处于技术创新和应用的前沿，对行业的发展有着深刻的理解和预测。通过与企业和科研机构的合作，教育机构可以获取最新的行业信息，了解企业对人才的具体需求和技术要求。当前智能制造和工业4.0的推进，对机电一体化技术人才提出了更高的要求，包括掌握自动化、智能控制和数据分析等多方面的知识和技能。教育机构可以根据这些需求，调整和优化课程设置和教学内容，确保学生在毕业时具备与行业需求相匹配的能力和素质。

建立联合实验室和实训基地是产学研结合的重要途径。联合实验室和实训基地可以为学生提供先进的实验设备和实践平台，使他们能够在真实的环境中进行实验和实训。通过联合实验室，学生可以使用最新的工业机器人、自动化生产线和传感器系统，进行实际操作和测试。实训基地则可以模拟真实的生产环境，让学生体验生产过程中的各个环节，学习设备操作、故障排除和维护保养等技能。通过这些实践活动，学生可以将理论知识应用于实际，提高动手能力和增加实践经验。

邀请企业专家讲授课程，是将实际工作经验和前沿技术引入课堂的重要方式。企业专家在实际工作中积累了丰富的经验，了解行业的实际需求和技术难点。通过他们的讲授，学生可以了解最新的技术动态和行业趋势，学习解决实际问题的方法和技巧。企业专家可以讲授智能制造、自动化控制和物联网技术的实际应用案例，帮助学生理解和掌握这些技术的具体实现方法。这样，学生不仅可以学习到前沿的技术知识，还可以了解实际工作中的应用和挑战，增强他们的职业适应能力。

安排学生到企业实习实训，使他们能够直接参与实际项目，这是产学研结合的重要实践。实习实训可以让学生体验真实的工作环境，了解企业的运作模式和生产流程。学生可以参与企业的生产和研发项目，学习设备操作、生产调度、质量控制和项目管理等技能。在实习过程中，学生可以与企业工程师和技术人员进行交流，学习他们的经验和方法，解决实际问题。通过实习实训，学生不仅可以积累丰富的实践经验，还可以提高团队合作和沟通能力，培养职业素养和责任感。

通过参与实际项目，学生可以将课堂上学到的理论知识应用于实践，提高综合能力和创新思维能力。实际项目通常涉及多个学科和多个环节，需要学生综合运用机械设计、电气控制、自动化和智能系统等方面的知识。设计和实现一个自动化生产线项目，学生需要进行机械设计、控制系统设计、传感器布置和程序编写等工作，解决项目中遇到的各种问题。在项目实践中，学生可以培养解决复杂问题的能力，提高创新思维能力和工程实践能力。

产学研结合在机电一体化人才培养中具有重要意义。通过加强与企业和科研机构的合作，教育机构可以及时了解行业需求，调整和优化人才培养方案。建立联合实验室和实训基地，为学生提供先进的实践平台；邀请企业专家讲授课程，将实际工作经验和前沿技术引入课堂；安排学生到企业实习实训，直接参与实际项目，积累丰富的实践经验。通过这些措施，学生不仅可以掌握扎实的理论知识，还可以提高动手能力、解决实际问题的能力和职业素养，为未来的职业发展打下坚实的基础。教育机构、企业和科研机构的紧密合作，将共同推动机电一体化人才的培养和行业的发展。

（三）职业培训和继续教育

面对快速变化的技术环境，职业培训和继续教育至关重要。企业和教育机构应共同开展职业培训项目，帮助在职人员更新知识、提高技能。通过短期培训班、在线课程和专题研讨会等形式，为技术人员提供持续学习的机会，确保他们能够适应新技术和新工艺的要求。

职业培训和继续教育可以帮助在职人员及时更新知识，跟上技术发展的步伐。机电一体化技术不断进步，新材料、新工艺、新设备层出不穷，技术人员需要不断学习和掌握这些新知识和新技术。随着智能制造和工业 4.0 的发展，技术人员需要学习物联网、大数据、人工智能等新技术的应用，以提高生产效率和产品质量。通过职业培训和继续教育，技术人员可以了解最新的行业动态和技术趋势，掌握新的工具和方法，提高自身的竞争力。

职业培训和继续教育可以提高技术人员的实际操作技能和解决问题的能力。理论知识固然重要，但实际操作技能和解决问题的能力同样不可或缺。通过短期培训班和实操训练，技术人员可以在实际环境中进行操作和实践，提高动手能力和技术水平。企业可以组织员工参加自动化设备操作与维护、智能系统编程与调试等培训班，通过实操训练，掌握设备的操作方法和故障排除技能，确保生产过程的顺利进行和设备的高效运行。

技术创新是企业发展的重要驱动力，而技术人员是创新的主体。通过专题研讨会和技术交流活动，技术人员可以与同行分享经验、交流观点，激发创新思维和灵感。组织智能制造与自动化技术专题研讨会，邀请行业专家和学者讲授最新的研究成果和应用案例，技术人员可以从中学习新的技术方法和思维模式，提高创新能力和综合素质。

在线课程是职业培训和继续教育的重要形式之一，为技术人员提供了灵活便捷的学习机会。在线课程可以突破时间和空间的限制，使技术人员可以根据自己的时间安排进行学习。教育机构和企业可以合作开发在线课程，涵盖机电一体化技术的各个方面，如机械设计、电气控制、自动化系统、智能制造等。通过在线学习平台，技术人员可以随时访问课程内容，进行自主学习和复习，不断提高自己的知识水平和技术能力。

短期培训班是职业培训和继续教育的有效形式，通过集中培训和实操训练，使技术人员在短时间内掌握新的知识和技能。企业和教育机构可以根据行业需求和技术发展，定期组织短期培训班，内容包括新设备的操作与维护、新工艺的应用与优化等。针对智能机器人和自动化生产线的应用，组织专项培训班，讲授机器人编程与控制、自动化生产线设计与调试等内容，帮助技术人员快速掌握新技术，提高工作效率。

专题研讨会是职业培训和继续教育的高级形式，通过深入探讨和交流，提升技术人员的专业水平和创新能力。专题研讨会可以围绕行业热点和技术难点，邀请行业专家、学者和技术精英进行讲解和讨论。举办智能制造与绿色生产专题研讨会，探讨智能制造技术在节能减排、提高生产效率和优化资源利用等方面的应用，分享成功案例和经验，启发技术人员的创新思维和实践能力。

职业培训和继续教育在机电一体化人才发展中具有重要作用。企业和教育机构应共同开展职业培训项目，通过短期培训班、在线课程和专题研讨会等形式，为技术人员提供持续学习的机会，确保他们能够适应新技术和新工艺的要求。通过不断更新知识、提升技能和培养创新思维，技术人员可以保持竞争力，推动企业技术进步和产业升级。职业培训和继续教育不仅提高了技术人员的专业素质和职业能力，也为企业和行业的发展提供了坚实的人才保障。

（四）多元化的评价和激励机制

建立科学合理的人才评价和激励机制，是激发技术人员创新潜力和工作积极性的关键。通过多元化的评价标准，综合考查技术人员的知识水平、技能掌握情况、项目成果和创新能力，并制定合理的激励措施，如评优评先、技术奖项和职业晋升通道，鼓励技术人员不断追求卓越。

多元化的评价标准能够全面、客观地评估技术人员的综合能力。单一的评价标准往往无法全面反映技术人员的实际能力和贡献，而多元化的评价标准可以从多个维度进行考查。知识水平方面，可以通过定期考核和技术研讨会评估技术人员对最新技术和理论的掌握情况；技能掌握情况方面，可以通过实际操作考核和项目实践评估技术人员的动手能力和技术水平；项目成果方面，可以通过项目完成情况、技术创新点和实际效益评估技术人员的工作绩效和贡献；创新能力方面，可以通过专利申请、技术创新项目和技术交流活动评估技术人员的创新思维和能力。通过多元化的评价标准，企业可以全面了解技术人员的综合素质，识别出真正具备高水平和高潜力的人才。

合理的激励措施是激发技术人员工作积极性和创新潜力的重要手段。激励措施不仅包括物质奖励，还包括精神奖励和职业发展机会。物质奖励方面，可以设立技术奖项、项目奖金和绩效奖金等，直接奖励在技术创新和项目实践中表现突出的技术人员。设立年度最佳技术创新奖，奖励在技术研发和应用中取得重大突破的技术人员；项目奖金则可以根据项目的实际效益和贡献，奖励在项目中作出突出贡献的技术人员。精神奖励方面，可以通过评优评先、表彰大会和荣誉称号等形式，给予技术人员荣誉和认可，提高他们的职业自豪感和成就感。评选年度优秀员工、优秀团队等，表彰在工作中表现优异的技术人员和团队，树立榜样和激励更多的员工努力工作。

职业晋升通道是技术人员职业发展的重要激励因素。通过建立科学合理的职业晋升通道，为技术人员提供明确的职业发展路径和晋升机会。设立技术职称评定体系，根据技术人员的知识水平、技能掌握情况和工作绩效，评定助理工程师、工程师、高级工程师等职称，明确不同职称的职责和要求，激励技术人员不断提高自己的专业水平和能力。同时，设立管理岗位和技术岗位双通道晋升体系，为技术人员提供多样化的职业发展选择。技术人员可以选择走管理路线，担任技术经理、技术总监等管理岗位，也可以选择走技术路线，担任首席技术专家、首席工程师等高级技术岗位。通过多样化的职业晋升通道，企业可以满足技术人员不同的职业发展需求，激励他们不断追求卓越，提高自己的职业素养和能力。

建立科学合理的人才评价和激励机制，对于激发技术人员的创新潜力和工作积极性具有重要意义。通过多元化的评价标准，全面评估技术人员的综合能力和贡献；通过合理的激励措施，奖励表现突出和有潜力的技术人员；通过科学的职业晋升通道，为技术人员提供明确的职业发展路径和晋升机会。这些措施不仅提高了技术人员的职业素质和工作积极性，还为企业和行业的发展提供了坚实的人才保障。通过持续优化评价和激励机制，企业可以营造良好的工作环境和创新氛围，吸引和培养更多优秀的技术人才，不断推动技术进步和产业升级。

机电一体化行业对高素质技术人才的需求日益增加，教育体系和职业培训需要不断适应和满足这一需求。通过科学的课程设置、产学研结合、职业培训、评价激励机制和国际化交流，可以培养出具备扎实理论知识、丰富实践能力和创新思维的高素质技术人才。这些技术人才不仅能够推动机电一体化技术的进步和应用，他们还将引领行业的发展和变革，满足智能制造、绿色制造和可持续发展的需求。通过持续的教育和培训，确保技术人才的不断成长和进步，为社会和经济的发展提供强有力的支持。

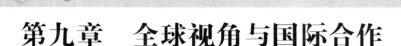

第九章　全球视角与国际合作

在全球化背景下，机电一体化技术的发展和应用不再局限于一个国家或地区，变得具有广泛的国际影响力和合作需求。本章将探讨全球市场趋势和国际标准与法规两个关键方面。第一节将分析全球市场的最新发展趋势，了解主要国家和地区在机电一体化技术领域的领先地位和未来发展方向。通过洞察全球市场动态，企业和技术人员可以更好地把握机遇，制定相应的战略。第二节将介绍国际标准与法规的重要性，探讨如何在国际合作中遵循和实施这些标准与法规。国际标准与法规不仅规范了行业的发展，也促进了国际技术交流和合作，推动了机电一体化技术的全球化进程。

全球市场趋势

机电一体化技术作为多学科交叉融合的先进技术，被广泛应用于制造业、汽车工业、航空航天、医疗设备、消费电子等多个领域。随着智能制造和工业 4.0 的推进，机电一体化技术在全球范围内呈现出快速发展的趋势，各国和地区在这一领域的投入不断增加，市场需求不断扩大。

一、主要市场和区域分析

（一）北美市场

北美，特别是美国，是机电一体化技术的重要市场之一。美国在机器人技术、自动化生产线、智能控制系统等方面处于全球领先地位。美国政府和企业高度重视科技创新和工业升级，大量投资于机电一体化技术的研发和应用。北美市场的特点是技术水平高、创新能力强、市场需求大，未来发展潜力巨大。

（二）欧洲市场

欧洲是机电一体化技术的另一大重要市场，特别是德国、法国和英国等国家。德国作为工业 4.0 的发源地，在智能制造和自动化技术方面具有显著优势。欧洲市场注重技术的绿色化和可持续发展，强调节能减排和资源优化利用。欧洲企业在高端制造、精密机械、自动化系统等领域具有很强的竞争力，市场需求稳步增长。

（三）亚太市场

亚太地区，尤其是中国、日本和韩国，是机电一体化技术的重要增长市场。中国是全球最大的制造业基地，正在大力推动工业升级和智能制造，市场需求旺盛。日本和韩国在机器人技术、精密制造和智能控制系统等方面具有较强的竞争力。亚太市场的特点是市场规模大、发展速度快、技术应用广泛，未来前景非常广阔。

（四）其他新兴市场

除了上述主要市场，其他新兴市场如印度、巴西、俄罗斯等也在加大对机电一体化技术的投入和应用。这些国家的工业化进程在加快，对自动化和智能制造的需求不断增加，市场潜力巨大。

二、主要技术趋势

（一）智能制造与工业4.0

智能制造与工业4.0是机电一体化技术发展的重要方向，通过物联网、大数据、人工智能等技术的融合，实现生产过程的智能化、网络化和自动化，提高生产效率和产品质量，降低生产成本。智能制造系统广泛应用于汽车制造、电子产品生产、机械加工等领域，市场需求不断扩大。

1. 智能制造与工业4.0的核心技术

（1）物联网

物联网技术通过传感器和网络将生产设备、工厂设施和生产环境中的各种要素连接起来，实现数据的实时采集和传输。物联网使得生产过程中的每一个环节都能够被精确监控和控制，从而提高生产效率和产品质量。智能工厂中的传感器可以实时监测设备的运行状态、环境参数和生产过程中的关键指标，及时发现和解决问题，防止故障和停机。

（2）大数据

大数据技术通过对海量数据的采集、存储和分析，提供对生产过程的全面洞察和优化方案。在智能制造系统中，生产设备和传感器产生的大量数据可以被收集和分析，用于预测性维护、质量控制和生产优化。通过分析设备运行数据，可以预测设备出现的故障，提前进行维护，减少停机时间和维护成本；通过分析生产过程数据，可以优化工艺参数，提高产品质量和生产效率。

（3）人工智能

人工智能技术在智能制造中发挥着关键作用。通过机器学习和深度学习算法，人工智能能够从海量数据中学习和提取知识，进行智能决策和优化控制。人工智能可以用于生产线的智能调度和优化，根据实时生产数据和历史数据，动态调整生产计划和资源配置，优化生产过程，减少浪费和降低成本；人工智能还可以用于质量检测，通过图像识别和机器视觉技术，自动检测产品的缺陷和质量问题，提高检测精度和效率。

（4）自动化与机器人技术

自动化与机器人技术是智能制造的重要组成部分。通过自动化设备和机器人，可以实现生产过程的高效自动化操作，从而减少人工干预，提高生产效率和产品质量。工业机器人可以用于焊接、装配、搬运等多种生产任务，替代人工操作，能提高生产效率和一致性；自动化生产线可以实现连续生产和智能控制，减少生产成本和人为错误。

2. 智能制造系统的应用领域

（1）汽车制造

汽车制造是智能制造技术的重要应用领域。智能制造系统，可以实现汽车生产过程的全面数字化和智能化。特斯拉工厂采用了高度自动化和智能化的生产系统，实现了汽车生产的高效、智能和可持续。

（2）电子产品生产

电子产品生产对精度和质量有着极高的要求，智能制造技术在这一领域有着广泛应用。物联网技术用于连接和监控生产设备和生产线，实时获取生产数据和设备状态；大数据技术用于分析生产数据，优化生产工艺和质量控制；人工智能技术用于智能调度和优化控制，提高生产效率和产品质量；自动化设备和机器人用于自动化装配和加工，提高生产效率和一致性。富士康采用了大量的工业机器人和自动化设备，实现了电子产品的高效、智能和可持续生产。

（3）机械加工

机械加工是智能制造技术的重要应用领域，通过智能制造系统，可以实现机械加工过程的全面数字化和智能化。德国的机械加工企业通过智能制造系统，实现了机械加工的高效、智能和可持续。

3. 智能制造与工业 4.0 的市场需求

智能制造和工业 4.0 在全球范围内的市场需求不断扩大，主要体现在以下几个方面。

（1）生产效率的提高

智能制造系统通过物联网、大数据和人工智能等技术的融合，能够实时监控和优化生产过程，提高生产效率和资源利用率。自动化设备和机器人能够替代人工操作，提高生产速度和一致性，减少人为错误和生产浪费。智能生产线可以根据实时数据动态调整生产计划和资源配置，最大化生产效率和产能利用率。

（2）产品质量的提高

智能制造系统通过对大数据和人工智能技术的应用，可以实现生产过程的全面监控和质量控制。通过实时数据分析和智能决策，可以及时发现和解决质量问题，提高产品质量和一致性。智能质量检测系统通过图像识别和机器视觉技术，能够自动检测产品的缺陷和质量问题，减少次品率和返工成本。

（3）生产成本的降低

智能制造系统通过自动化和智能化技术的应用，可以减少人工成本和生产浪费，降低生产成本。通过预测性维护和智能调度，可以减少设备故障和停机时间，降低维护成本和生产损失。智能维护系统通过实时监控设备状态和运行数据，可以提前发现和解决设备问题，减少设备故障和停机时间，降低维护成本。

4. 提高市场响应能力

智能制造系统通过实时数据和智能决策的应用，可以提高生产系统的灵活性和响应能力，快速响应市场需求和变化。通过智能调度和优化控制，可以动态调整生产计划和资源配置，满足市场需求和客户要求。智能生产系统可以根据实时订单和市场需求，灵活调整生产计划和产能，快速响应市场变化和客户需求。

智能制造和工业 4.0 是机电一体化技术发展的重要方向，通过物联网、大数据、人工智能等技术的融合，实现生产过程的智能化、网络化和自动化，提高生产效率和产品质量，降低生产成本。智能制造系统被广泛应用于汽车制造、电子产品生产、机械加工等领域，市场需求不断扩大。智能制造和工业 4.0 的快速发展，为机电一体化技术带来了广阔的市场前景和发展机遇，同时对技术人员提出了更高的要求。通过不断创新和优化技术，推动智能制造和工业 4.0 的发展，机电一体化技术将为全球工业的升级和可持续发展提供重要支持。

（二）绿色制造与可持续发展

环保和可持续发展已成为全球关注的焦点，机电一体化技术在绿色制造中发挥着重要作用。通过节能设备、污染物处理系统和可再生能源利用，实现生产过程的节能减排和资源优化利用。电动汽车的驱动系统和能源管理技术在全球范围内得到广泛应用，市场需求不断增加。以下是对这一趋势的深入论述。

1. 节能设备

（1）高效电机和驱动系统

高效电机和驱动系统是绿色制造的关键组成部分。传统电机和驱动系统的能效较低，导致能源浪费和高能耗。高效电机采用先进的设计和材料，显著提高了能效。永磁同步电机（PMSM）和无刷直流电机（BLDC）在工业和汽车领域的应用，能够显著降低能耗，提高系统运行效率。同时，变频驱动技术通过调节电机的运行速度和功率输出，实现能效优化，进一步减少能源消耗。

（2）智能控制与自动化系统

智能控制与自动化系统通过实时监控和优化生产过程，提高能源利用效率。智能控制系统可以根据实时数据和生产需求，动态调整设备运行状态，实现最佳能效。智能楼宇管理系统通过自动调节照明、空调和电梯等设施的运行，显著降低建筑物的能耗。此外，工业自动化系统通过优化生产工艺和流程，能够减少能源浪费，提高生产效率。

2. 污染物处理系统

（1）工业废水处理

工业废水处理系统在绿色制造中具有重要作用。通过机电一体化技术，工业废水处理系统能够实现高效的污染物去除和水资源循环利用。利用先进的传感器和自动化控制系统，可以实时监控废水的水质参数，自动调整处理工艺和药剂投加量，确保废水处理效果和系统运行的稳定性。膜处理技术和生物处理技术的结合应用，能够高效去除废水中的有机污染物和重金属，实现水资源的循环利用和零排放。

（2）工业废气处理

工业废气处理系统通过机电一体化技术，实现高效的污染物去除和环境保护。采用先进的过滤、吸附和催化技术，能够有效去除废气中的颗粒物、VOC 和有害气体。智能监控系统可以实时监测废气排放情况，自动调整处理设备的运行参数，确保废气排放达标。通过对机电一体化技术的应用，工业废气处理系统不仅提高了处理效率，还降低了运行成本和环境风险。

3. 可再生能源利用

（1）太阳能光伏发电

太阳能光伏发电是可再生能源利用的方式之一。通过机电一体化技术，太阳能光伏发电系统实现了高效的能源转换和智能管理。太阳能光伏组件采用高效光电材料和优化设计，提高了光电转换效率；智能逆变器和能量管理系统实现了电能的高效转换和输送，优化了发电系统的运行参数和能量利用。分布式光伏发电系统与智能电网的结合应用，能够实现能源的就地生产和消纳，减少电网的输送损耗和压力。

（2）风力发电

风力发电是另一种重要的可再生能源利用方式。通过机电一体化技术，风力发电系统实现了高效的能源转换和智能控制。采用先进的风机设计和材料，提高了风能转换效率；智能控制系统和变频驱动技术，实现了风机的最佳运行和能量输出；智能监控和维护系统，能够实时监测风机的运行状态和环境参数，自动调整运行参数和维护策略，确保系统的稳定性和运行效率。

4. 电动汽车与能源管理技术

（1）电动汽车驱动系统

电动汽车的驱动系统是绿色制造的重要应用领域。电动汽车采用高效电机和先进的控制技术，实现了零排放和高能效。永磁同步电机和感应电机作为电动汽车的主要驱动电机，具有高功率密度和高效率；先进的电机控制技术，如矢量控制和直接转矩控制，实现了电动汽车的高效驱动和能量回收。通过机电一体化技术的应用，电动汽车在全球范围内得到了广泛应用，市场需求不断增加。

（2）能源管理系统

电动汽车的能源管理系统通过机电一体化技术，实现了电池的高效管理和能量优化利用。智能电池管理系统（BMS）通过实时监测电池的状态和参数，优化充放电策略和能量分配，提高电池的使用寿命和安全性。智能充电系统通过优化充电过程，减少电池的损耗和充电时间；能量回收系统通过再生制动技术，将车辆的动能回收转化为电能，提高能源利用效率。通过能源管理系统的优化，电动汽车实现了高效、环保和可持续发展。

5. 绿色制造与可持续发展的市场需求

（1）环保法规与政策驱动

各国政府和国际组织不断推出环保法规和政策，推动绿色制造和可持续发展。欧盟的《绿色新政》和《碳中和目标》、中国的《碳达峰碳中和行动方案》、美国的《清洁能源计划》等，都是推动机电一体化技术在绿色制造中的应用和发展的重要政策。这些法规和政策的实施，推动了市场对节能设备、污染物处理系统和可再生能源利用的需求不断增加。

（2）市场竞争与企业责任

随着市场竞争的加剧和消费者环保意识的增加，企业越来越重视绿色制造和可持续发展。通过对机电一体化技术的应用，企业不仅能够提高生产效率和产品质量，降低生产成本，还能够履行社会责任，提高企业形象和市场竞争力。采用高效节能设备和智能控制系统，能够实现生产过程的节能减排和资源优化利用；通过污染物处理系统和可再生能源利用，能够减少环境污染和碳排放，推动企业实现绿色发展和可持续经营。

绿色制造与可持续发展已成为全球关注的焦点，机电一体化技术在其中发挥着重要作用。通过节能设备、污染物处理系统和可再生能源利用，实现生产过程的节能减排和资源优化利用。电动汽车的驱动系统和能源管理技术在全球范围内得到了广泛应用，市场需求不断增加。通过不断创新和优化技术，推动绿色制造和可持续发展，机电一体化技术将为全球环境保护和经济可持续发展提供重要支持。

（三）物联网技术与智能控制系统

物联网技术与智能控制系统是实现机电一体化系统智能化和网络化的关键。通过传感器技术、网络通信和数据分析，实现设备的互联互通和智能控制，提高系统的自动化水平和运行效率。智能家居系统、智能工厂和智能交通系统等，在全球范围内得到广泛应用，市场需求不断增长。以下是对这一趋势的深入论述。

1. 物联网技术与传感器技术

物联网技术通过将各种设备和传感器连接到网络中，实时采集和传输数据，实现设备的互联互通和智能控制。传感器技术是物联网的基础，能够实时监测设备和环境的各种参数，如温度、湿度、压力、位置、速度等。通过传感器技术，物联网系统可以获取全面、准确的数据，为智能控制提供支持。

在全球市场中，物联网技术的应用正在迅速扩展。北美、欧洲和亚太地区是物联网技术应用的主要市场，其涵盖智能家居、智能工厂、智能交通等多个领域。在北美，智能家居市场蓬勃发展，通过传感器和智能控制系统，用户可以远程控制家庭设备，实现智能照明、智能安防和智能温控。在欧洲，智能工厂技术被广泛应用，通过传感器和物联网系统，企业可以实现生产设备的实时监控和优化，提高生产效率和产品质量。在亚太地区，智能交通系统得到广泛应用，通过传感器和网络通信技术，实现交通流量监测、智能调度和交通安全管理，提高交通效率和安全性。

2. 网络通信技术与数据分析技术

网络通信技术是物联网系统的核心，负责设备与设备、设备与控制中心之间的数据传输。通过有线和无线通信技术，如以太网、Wi-Fi、蓝牙、Zigbee、LoRa 和 5G 等，物联网系统可以实现设备的广泛连接和实时通信。数据分析技术通过对大量传感器数据的处理和分析，提供智能决策支持和优化控制。

在全球市场中，网络通信技术与数据分析技术的应用不断扩大和深入。5G 技术的快速发展，为物联网系统提供了高速、低延迟和大容量的数据传输能力，推动了智能控制系统的发展。在智能工厂中，5G 技术和数据分析技术的结合，可以实现设备的实时监控、预测性维护和智能调度，提高生产效率和运营效率。在智能交通系统中，通过 5G 通信技术和大数据分析，能够实现交通流量的动态监测和优化控制，提高交通系统的整体运行效率。

3. 智能控制系统的应用领域

（1）智能家居系统

智能家居系统通过物联网技术和智能控制系统，实现家庭设备的智能化和自动化。用户可以通过智能手机或语音助手，远程控制照明、空调、安防、家电等设备，提高生活便利性和舒适性。智能照明系统可以根据环境光线自动调节亮度，智能安防系统可以实时监控家庭安全，智能温控系统可以根据用户习惯自动调节室温。智能家居系统在全球范围内得到广泛应用，市场需求不断增长，特别是在北美和欧洲市场，智能家居设备的普及率和市场渗透率不断提升。

（2）智能工厂

智能工厂是工业4.0的重要组成部分，通过物联网技术和智能控制系统，实现生产过程的智能化和自动化。智能工厂系统通过传感器、网络通信和数据分析技术，实现设备的实时监控、智能调度和优化控制。通过传感器实时监测设备状态和生产参数，智能控制系统可以自动调整生产工艺和设备运行参数，优化生产过程，提高生产效率和产品质量。智能工厂在全球范围内得到广泛应用，特别是在德国、美国和中国等工业大国，智能制造技术的发展推动了智能工厂的快速普及和应用。

（3）智能交通系统

智能交通系统通过物联网技术和智能控制系统，可以实现交通流量的实时监测和智能调度，提高交通效率和安全性。智能交通系统通过传感器、摄像头和网络通信技术，能够实时获取交通流量、车辆速度、路况等数据，通过大数据分析和智能控制，优化交通信号和车辆调度，缓解交通拥堵，从而确保交通安全。在智能交通管理系统中，通过实时监控交通流量和路况信息，智能控制系统可以动态调整交通信号灯，优化交通流量，减少交通拥堵和事故。智能交通系统在全球范围内得到了广泛应用，特别是在大城市和交通繁忙地区，智能交通技术的发展提高了交通系统的整体运行效率和安全性。

4. 全球市场趋势

（1）市场规模持续增长

物联网技术和智能控制系统在全球范围内的市场规模持续增长。根据多家权威市场研究机构的预测，全球物联网市场规模将在未来几年内保持高速增长，其市场涵盖智能家居、智能工厂、智能交通等多个领域。北美、欧洲和亚太地区是物联网市场的主要增长区域，市场需求不断扩大，应用场景不断丰富。

（2）技术创新不断涌现

物联网技术和智能控制系统的技术创新不断涌现，为市场带来了更多的发展机遇。新材料、新工艺、新算法的应用，使物联网系统具备更高的性能和更广泛的应用。边缘计算技术的应用，使物联网系统能够在本地进行数据处理和智能控制，减少数据传输延迟和网络压力，提高系统的实时性和可靠性。

（3）应用领域日益广泛

物联网技术和智能控制系统的应用领域日益广泛，其应用涵盖智能家居、智能工厂、智能交通、智能医疗、智能农业等多个领域。随着技术的进步和市场需求的变化，物联网系统在更多领域中的应用将不断扩大。智能医疗系统通过物联网技术，能够实现医疗设备的互联互通和远程监控，从而提高医疗服务的效率和质量；智能农业系统通过物联网技术，可以实现对农作物生长环境的实时监控和智能调控，从而提高农业生产的效率和收益。

5. 市场挑战与机遇

（1）技术标准与安全

全球市场对物联网技术和智能控制系统的技术标准和安全要求不断提高。各国和地区在技术标准、数据安全、隐私保护等方面存在差异，给企业的跨国经营带来了一定的挑战。同时，统一的国际标准和安全规范可以促进技术交流和市场融合，带来更多的发展机遇。

（2）技术创新与成本控制

物联网技术和智能控制系统是一个高度创新和竞争的领域。企业需要不断加大研发投入，提高技术创新能力，保持市场竞争力。同时，随着技术的进步和市场的扩大，物联网设备和智能控制系统的成本将进一步下降，推动技术的普及和应用。

（3）人才培养与国际合作

高素质的技术人才是物联网技术和智能控制系统发展的重要支撑。全球市场对技术人才的需求不断增加，各国和地区需要加强教育和培训，培养更多的技术人才。同时，国际技术合作和人才交流也将促进技术进步和市场发展。

物联网技术和智能控制系统是实现机电一体化系统智能化和网络化的关键，通过传感器技术、网络通信和数据分析，实现设备的互联互通和智能控制，提高系统的自动化水平和运行效率。智能家居系统、智能工厂和智能交通系统等，在全球范围内得到广泛应用，市场需求不断增长。通过不断创新和优化技术，推动物联网技术和智能控制系统的发展，机电一体化技术将在全球市场中发挥越来越重要的作用，为智能化、自动化和可持续发展提供重要支持。

三、市场挑战与机遇

（一）技术标准与法规

全球市场对机电一体化技术的标准和法规要求不断提高，各国和地区在技术标准、质量认证和环境法规等方面存在差异，这给企业的跨国经营带来了挑战。不同的技术标准和认证体系导致企业在产品设计、生产和销售过程中面临复杂的合规要求和额外的成本。然而，统一的国际标准和法规可以促进技术交流和市场融合，并为企业的跨国经营带来更多的发展机遇。国际标准化组织（ISO）和国际电工委员会（IEC）等机构制定的国际标准，为企业提供了共同的技术规范和质量要求，减少了跨国经营的障碍。统一的质量管理体系认证（如 ISO 9001）和环境管理体系认证（如 ISO 14001）有助于企业在全球范围内提高产品质量和环境管理水平，增强市场竞争力。此外，统一的国际标准和法规还可以促进技术创新和合作，推动行业整体发展。企业可以在统一标准的基础上进行技术研发和产品创新，降低技术开发和市场推广的成本和风险。因此，通过遵循和推动国际标准化，企业能够在全球市场中提高竞争力，实现技术创新和可持续发展。

（二）技术创新与竞争

机电一体化技术是一个高度创新和竞争的领域。企业需要不断加大研发投入，提高技术创新能力，保持市场竞争力。不断的技术创新不仅能提高产品性能和质量，还能降低生产成本和提高效率，帮助企业在激烈的市场竞争中脱颖而出。同时，技术创新带来了更多的市场机会，推动了行业的发展和进步。创新技术和新产品的推出，可以不断满足市场的新需求，开拓新的应用领域，增加企业的市场份额并提高其盈利能力。因此，企业在机电一体化领域必须持续推动技术研发和创新，以适应市场变化，抓住发展机遇，保持领先地位。

（三）人才培养与合作

高素质的技术人才是机电一体化技术发展的重要支撑。全球市场对技术人才的需求不断增加，各国和地区需要加强教育和培训，培养更多的技术人才。通过完善的教育体系和职业培训项目，学生和在职人员可以获得最新的理论知识和实践技能，满足行业需求。同时，国际技术合作和人才交流也将促进技术进步和市场发展。通过跨国合作项目、联合研发和学术交流，技术人才可以分享经验和知识，推动创新和技术转移。因此，加强人才培养和国际合作是推动机电一体化技术持续发展的关键。

机电一体化技术在全球市场呈现出快速发展的趋势，北美、欧洲、亚太和其他新兴市场各具特色，市场需求不断扩大。智能制造、绿色制造、机器人技术和物联网是主要技术发展方向，市场前景广阔。尽管面临技术标准、法规、创新和人才等方面的挑战，但通过加强技术创新、制定合理的标准与法规、培养高素质人才和促进国际合作，机电一体化技术在全球市场的应用和发展将会更加广泛和深入。

国际标准与法规

机电一体化技术作为跨学科、多领域融合的先进技术，被广泛应用于制造、自动化、智能系统等多个行业。随着全球市场的不断扩展和技术的迅速发展，制定和遵循统一的国际标准与法规显得尤为重要。以下是对机电一体化技术国际标准与法规的深入论述。

一、国际标准的重要性

（一）确保产品质量和安全

国际标准在确保机电一体化产品的质量和安全方面具有至关重要的作用，为产品的设计、制造、测试和维护提供了统一的技术规范和要求。这些标准涵盖机械、电气、电子和控制系统等多个方面，确保产品符合国际质量和安全标准。设计规范如 ISO 12100 和 IEC 60204-1 指导设计师在设计阶段考虑产品的安全性和功能性；制造要求如 ISO 9001 帮助企业建立质量管理体系，监控生产过程，确保产品一致性和高质量；测试和验证标准如 IEC 61000 和 ISO 13849 提供严格的测试程序，确保产品在各种工作条件下的安全性和稳定性；维护和服务标准如 ISO 14224 确保设备的长期可靠性和性能。其具体标准如 ISO 9001（质量管理体系）、IEC 61508（功能安全）、ISO 13849（机械安全控制）、IEC 60204-1（机械电气设备）和 IEC 61000 系列（电磁兼容性）通过全面的质量控制和安全管理，确保产品在全球市场上的一致性、可靠性和安全性，提高企业竞争力和客户满意度。

（二）促进技术交流和合作

统一的国际标准为技术交流和合作提供了共同的平台和语言，不同国家和地区的企业和研究机构可以在统一标准的基础上进行技术交流、合作研发和知识共享，推动技术进步和创新。在工业自动化领域，IEC 61131-3 标准规定了可编程逻辑控制器的编程语言，促进了全球范围内的技术交流和产品互操作性。通过这样的标准化，企业能够更容易地进行跨国合作和技术转移，减少技术障碍，提高全球竞争力。此外，国际标准还帮助建立了一致的技术框架，使得创新成果更容易被采纳和推广，从而加速了技术的发展和应用。

（三）减少贸易壁垒

国际标准有助于减少国际贸易中的技术壁垒，促进全球市场的融合和发展。通过遵循国际标准，企业可以确保其产品符合目标市场的技术要求和认证标准，减少进入国际市场的技术障碍和合规成本。CE 认证是进入欧洲市场的强制性认证，符合相应的欧盟指令和标准，可以确保产品在欧盟市场的自由流通。这样的认证和标准化过程不仅降低了企业在不同国家和地区进行贸易的难度，还提高了产品的全球竞争力和市场接受度，推动了国际贸易的顺畅进行。

二、国际标准的主要组织与标准

（一）国际标准化组织

国际标准化组织是全球最大的国际标准化机构，通过制定和发布广泛领域的国际标准，如 ISO 9001 质量管理体系标准和 ISO 14001 环境管理体系标准，为各行各业提供了统一的技术规范和要求。这些标准涵盖质量管理、环境管理、信息技术、制造业等多个领域，确保产品和服务持续满足客户和法规要求，推动企业提高运营效率、减低成本和提高市场竞争力。ISO 9001 强调持续改进和客户满意度，通过 PDCA 循环不断优化流程和绩效，而 ISO 14001 则帮助企业系统地管理和减少环境影响，推动可持续发展。ISO 标准被广泛应用于制造业、信息技术、医疗保健和食品安全等领域，其可以提高产品质量、安全性和环境责任，促进全球市场融合和国际贸易，推动技术创新和社会发展。通过采用 ISO 标准，企业能在全球市场中实现一致性和互操作性，增强竞争力，实现长期可持续发展。

（二）国际电工委员会

国际电工委员会（IEC）是国际电工和电子领域的标准化组织，负责制定和发布电工电子技术标准。IEC 制定的标准涵盖电气设备的安全、性能、互操作性等多个方面。例如，IEC 61508 功能安全标准提供了电气、电子和可编程电子安全相关系统的全生命周期安全管理方法，确保系统在故障情况下的安全运行。IEC 61131-3 可编程控制器标准规定了 PLC 的编程语言，促进了全球范围内的技术交流和产品互操作性。这些标准在工业自动化和控制系统领域具有重要意义，通过提供统一的技术规范和要求，帮助企业提高产品质量和安全性，增强市场竞争力。

（三）国际电信联盟

国际电信联盟（ITU）是联合国专门机构，负责制定和发布信息通信技术（ICT）标准。ITU 制定的标准涵盖电信、无线通信、网络、数据传输等方面。ITU-T H.264 视频压缩标准是多媒体技术的重要标准，广泛应用于视频传输和存储，确保高质量的视频压缩和解压。ITU-T G.992.x DSL 标准则是数据传输领域的关键标准，定义了数字用户线路（DSL）技术，提供高速互联网接入服务。这些标准在全球通信和多媒体技术领域具有重要意义，通过提供统一的技术规范，促进设备和系统的互操作性，推动全球信息通信技术的发展和普及。

三、技术法规与合规要求

（一）环境法规

各国和地区的环境法规对机电一体化技术的环保和可持续发展提出了具体要求。欧盟的《废弃电气电子设备指令》（WEEE 指令）和《限制有害物质指令》（RoHS 指令）就是其中的典型例子。WEEE 指令规定了电子电气设备的回收和处理要求，旨在减少电子废物对环境的影响，促进资源的循环利用。RoHS 指令则限制了电子电气设备中某些有害物质的使用，保护人类健康和环境。这些法规推动了机电一体化技术的绿色设计和制造，促进了环保和可持续发展，确保产品符合环保标准并能够在全球市场流通。

（二）安全法规

各国和地区的安全法规对机电一体化技术的产品安全和使用安全提出了具体要求。欧盟的《机械指令》（2006/42/EC）和《低电压指令》（2014/35/EU）就是其中的典型例子。《机械指令》规定了机械设备在设计、制造和使用过程中的安全要求，确保机械设备的结构和操作安全，减少事故风险。《低电压指令》则针对电气设备，规定了设备在设计和制造过程中必须遵循的安全标准，以防止电击、火灾等安全隐患。通过遵循这些指令，企业可以确保其产品在欧盟市场上的安全性和合规性，提高产品的市场接受度和竞争力。

（三）认证体系

各国和地区的认证体系对机电一体化技术的产品合规和市场准入提出了具体要求。CE 认证是进入欧盟市场的强制性认证，符合相应的欧盟指令和标准，可以确保产品在欧盟市场的自由流通。类似地，美国的 UL 认证和 FCC 认证、日本的 PSE 认证和 TELEC 认证，也是进入这些国家市场的重要认证体系。UL 认证主要涉及产品安全，确保设备在使用过程中的安全性和可靠性；FCC 认证则针对通信设备，确保其符合无线电和通信标准。PSE 认证是日本的电气产品安全认证，TELEC 认证则涉及无线电设备。通过获得这些认证，企业可以确保其产品符合各个市场的法规和标准，顺利进入国际市场，从而提升其在全球的竞争力。

四、国际标准与法规的挑战与机遇

（一）技术标准的差异性

各国和地区在技术标准、认证体系和法规要求上存在差异，这给企业的跨国经营带来了挑战。企业需要投入大量资源来了解和满足不同市场的合规要求，增加了产品设计、生产和认证的复杂性和成本。例如，欧洲市场要求 CE 认证，而美国市场则需要 UL 和 FCC 认证，日本市场需要 PSE 和 TELEC 认证。每个认证体系都有独特的技术标准和测试要求，企业必须进行多次认证和调整，才能符合不同市场的法规，这不仅耗费时间和资金，还增加了管理和操作的复杂性。

（二）统一标准的推动

统一的国际标准和法规可以减少技术壁垒，促进全球市场的融合和发展。通过积极参与国际标准化组织的工作，推动国际标准的制定和实施，企业能够在全球市场中获得更多的发展机遇和竞争优势。统一标准使产品设计、生产和认证流程更加简化，降低了跨国经营的复杂性和成本。此外，遵循国际标准还增强了产品的市场接受度和可靠性，提高了企业在国际市场中的信誉和竞争力，进一步推动了技术交流、合作与创新。

（三）技术创新与合规

在技术创新和产品开发过程中，企业需要平衡技术创新与合规要求，确保新技术和新产品符合国际标准和法规。在开发新型机器人和自动化系统时，企业必须确保其产品符合相关的功能安全、网络安全和环境保护标准。例如，机器人必须符合 IEC 61508 功能安全标准，以保证其在运行中的安全性，同时满足 ISO 13849 机械安全标准，确保操作人员的安全。此外，产品还需遵守网络安全标准，防止数据泄漏和网络攻击，同时符合环境保护法规，如 RoHS 指令，限制有害物质的使用。通过确保这些合规要求，企业不仅能确保产品的市场准入和用户安全，还能提高产品的市场竞争力和企业的声誉。

　　国际标准与法规在机电一体化技术的发展中起着至关重要的作用。通过制定和遵循统一的国际标准和法规，可以确保产品质量和安全，促进技术交流和合作，减少贸易壁垒，推动全球市场的融合和发展。企业在推动技术创新的同时，需要积极参与国际标准化工作，确保其产品符合国际标准和法规要求，从而在全球市场中保持竞争优势，实现可持续发展。

后　记

　　《制造的未来：机电一体化技术的演变》一书的写作初衷，是希望通过全面而深入的探索，揭示机电一体化技术的巨大潜力和广泛应用。作为现代制造业的核心力量，机电一体化技术不仅代表了技术进步的方向，也象征着工业发展的未来。回顾过去，展望未来，我们可以看到这一技术领域的不断进化和突破。

　　在本书中，我们追溯了机电一体化技术的起源，从早期的概念与理论基础，到关键发明和早期应用。通过详尽的描述，读者可以清晰地了解这一技术的形成和发展过程。核心组件与技术部分，涵盖传感器技术、智能控制技术和执行机构的内容，使读者全面掌握了机电一体化技术的关键要素。

　　设计与制造章节，则带领读者了解了设计理念的演变、制造技术的进步以及集成系统设计的最新发展。这部分内容，展示了技术如何在实践中得到应用和优化。软件与控制章节，探讨了控制系统的演化、软件在机电一体化中的角色，以及实时系统与反馈控制的重要性，突出了软件与硬件结合的必要性和复杂性。

　　通过对汽车工业、航空航天等多个行业的实际应用分析，本书展示了机电一体化技术如何在不同领域中发挥关键作用。在消费电子领域的创新应用，读者可以看到这一技术如何改变了我们的生活方式。人工智能、机器人技术和可持续技术的发展，进一步展示了机电一体化技术的未来潜力和方向。

　　本书还特别关注了教育与人才培养的重要性，分析了行业需求和人才发展的现状与趋势。全球视角与国际合作部分，揭示了机电一体化技术在全球市场中的地位，以及国际标准和法规的重要性。

　　在写作此书的过程中，我们深感技术发展与实际应用之间的紧密联系，也意识到教育和人才培养在这一领域中的关键作用。未来的制造业需要更加多样化和高素质的专业人才，需要国际间的紧密合作和标准化推进。

　　《制造的未来：机电一体化技术的演变》不仅是对机电一体化技术历史、现状与未来的全面总结，也是对所有致力于这一领域的科技工作者、工程师和学者的致敬。希望通过本书，能够激发更多的人对机电一体化技术的兴趣和热情，推动这一技术在全球范围内的进一步发展和应用。

感谢所有为本书提供支持和帮助的专家、学者和行业人士，你们的智慧和贡献是这本书得以完成的重要保证。也感谢每一位读者，希望你们在阅读本书的过程中，能够收获知识，启发思考，并在未来的工作中，将这些理念和技术应用于实践，共同推动制造业的进步与创新。

参考文献

[1] 杨旭.传感器技术在机电技术中的应用[J].当代化工研究，2020（22）：73-74.

[2] 赵成龙.工业自动化中机电一体化系统的集成与优化[J].造纸装备及材料，2024，53（3）：44-46.

[3] 林世湖.机电一体化的内涵特点及其在汽车工业上的应用[J].南方农机，2020，51（18）：146-147.

[4] 温信子.机电一体化技术在工业机器人中的应用研究[J].南方农机，2023，54（21）：161-163，174.

[5] 颛孙伟勋，徐继光.机电一体化技术在汽车工业中的应用[J].汽车画刊，2024（1）：84-86.

[6] 马超，刘祥振，王晓鹏，等.人工智能在机电一体化系统中的应用[J].科技经济市场，2023（6）：32-34.

[7] 杨亚莉.人工智能在机电一体化系统中的应用[J].集成电路应用，2023，40（1）：262-263.

[8] 陈佳丽.智能控制技术在机电一体化系统中的应用[J].造纸装备及材料，2021，50（6）：104-105，125.

[9] 关彤.传感器技术在机电技术中的应用探析[J].价值工程，2020，39（2）：212-213.

[10] 赵志勇，韩芳.机电一体化技术的系统设计及在机械设计制造中的应用方向[J].造纸装备及材料，2023，52（6）：113-115.

[11] 吕石磊，曹其新，李想，等.机电一体化机器人关节及其驱控系统硬件设计[J].重庆邮电大学学报（自然科学版），2021，33（1）：111-117.

[12] 段宝岩.迈向机电耦合的机电一体化技术[J].科技导报，2021，39（5）：1-2.

[13] 李琳利，李浩，顾复，等.基于数字孪生的复杂机械产品多学科协同设计建模技术[J].计算机集成制造系统，2019，25（6）：1307-1319.

[14] 李浩，陶飞，文笑雨，等 . 面向大规模个性化的产品服务系统模块化设计 [J]. 中国机械工程，2018，29（18）：2204-2214，2249.

[15] 李浩，焦起超，文笑雨，等 . 面向客户需求的企业产品服务系统实施方案规划方法学 [J]. 计算机集成制造系统，2017，23（8）：1750-1764.